습관과 먹거리를
바꾸면 건강이 보인다

아토피를 비롯한 생활습관병의 원인과 치료 그리고 예방

습관과 먹거리를 바꾸면 건강이 보인다

개정판 1쇄 인쇄 2021년 07월 30일
개정판 1쇄 발행 2021년 08월 06일

지은이 박원석
펴낸이 김헌준
펴낸곳 소금나무
주소 서울 양천구 목동로 173 우양빌딩 3층 ㈜시간팩토리
전화 02-720-9696 팩스 070-7756-2000
메일 siganfactory@naver.com
출판등록 제2019-000055호(2019.09.25.)

ISBN 979-11-968141-6-8 13470

소금나무는 ㈜시간팩토리의 출판 브랜드입니다.

아토피를 비롯한 생활습관병의 원인과 치료 그리고 예방

습관과 먹거리를 바꾸면 건강이 보인다

박원석 지음

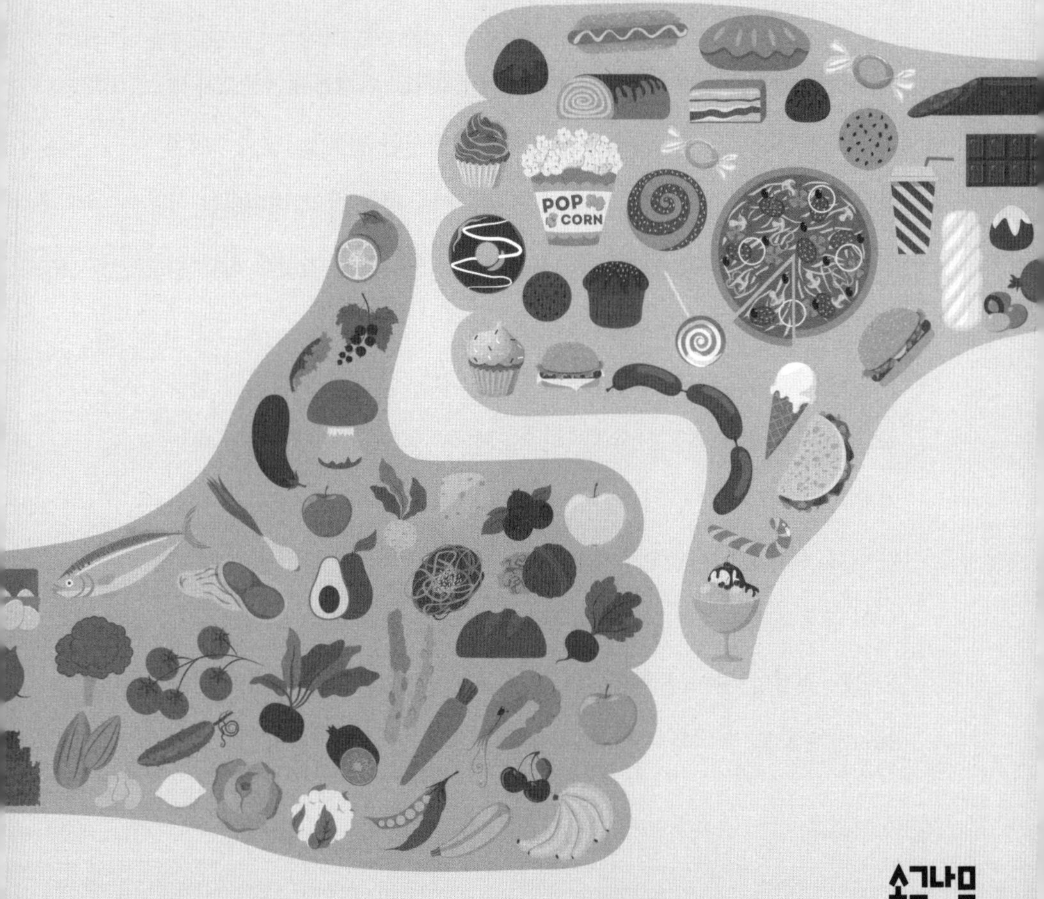

소금나무

프롤로그

아토피 때문에 정말 큰일 났습니다. 연세대학교 환경공해연구소가 전국의 유치원과 초등학교 5백 곳을 대상으로 조사한 결과, 10명 중 3명이 아토피로 고생하는 것으로 나타났습니다. 아토피를 달고 태어나는 아이들이 급증하자 임신부들도 혹시 내 아이도 아토피가 아닐까 하는 걱정이 가히 공포 수준이라고 합니다.

성인들도 아토피로부터 자유롭지 않습니다. 예전 아토피의 고통을 참다못한 남자 의대생과 여대생이 자살한 사건은 우리 사회에 아토피가 얼마나 심각한지 단적으로 보여 주고 있습니다. 어느 틈엔가 아토피가 국가적인 재앙으로 다가온 것입니다.

이 같은 현상은 우리나라만의 문제가 아닙니다. 이제는 전 세계가 아토피와 전쟁을 벌이고 있습니다. 일본도 아토피 환자가 전체 인구의 20%에 달하고, 미국과 유럽, 아시아, 아프리카 할 것 없이 아토피 때문에 몸살을 앓고 있습니다.

전 세계 인구의 20%가량, 다시 말해서 10명 중 2명이 아토피를 앓고 있을 정도니 보통 심각한 일이 아닙니다. 이대로 간다면 아토피는 인류의 재앙이 될 것이 불 보듯 뻔합니다.

아토피는 신체에 지독한 고통을 주고 영혼을 갉아먹는 무서운 형벌입니다. 아토피에 걸려 보지 않은 사람은 그 고통을 잘 모릅니다. 한 집안에 아토피 아이가 있으면 온 식구들은 항상 비상입니다. 아이는 아이대로 밤에 잠을 자지 못한 채 몸을 긁으며 괴로워하고, 부모는 부모대로 어떻게 해야 좋은지 몰라 잠을 제대로 자기 힘듭니다. 심할 경우 피가 나도록 긁고 흉터가 남습니다.

가려움증이 심하다 보면 공부는 물론이고 아무 일도 할 수 없으며, 자연히 정신이 산만해지고, 심지어는 정신과 치료까지 받기도 합니다. 특히 감수성이 예민한 청소년이나 젊은 남녀의 경우, 아토피는 더할 수 없는 인생의 불행이자 끔찍한 저주입니다. 아토피는 이들의 꿈과 사랑마저 가로막고 있습니다. 이 때문에 교육 당국은 물론 지방자치단체까지 아토피 예방 대책에 나서서 자체적으로 아토피 클리닉을 운영하는 등 비상이 걸린 상태입니다.

무엇보다 중요한 문제는 아토피의 원인과 치료법에 대한 체계적인 텍스트가 없어 아토피 환자와 그 가족은 물론 피부과 의사나 학교 선생님들조차 명확한 해답을 알지 못하고 있다는 점입니다.

요즘 대형병원 피부과 전문의들이 TV나 강연회에 나와 아토피의 원인과 예방, 치료법에 대해 나름대로 의학적인 분석과 처방을 하고 있지만, 솔직히 이를 신뢰하기 힘듭니다. 이들의 말대로라면 아토피로 고통받는 사람이 줄어들어야 하는데 현실은 그렇지 않습니다.

의사들 역시 아토피와 먹거리, 환경의 관련성을 강조하고 있기는 해도 자연의학에서 주장하는 보다 다양하고 심층적인 원인과 체질 개선을 통한 치료법을 알지 못하며, 설령 안다고 해도 인정하려고 하지 않습니다.

또한, 어린이 아토피 환자가 급증하자 방학이면 곳곳에서 아토피 학교가 열리는데, 아토피에 걸린 아이들에게 화학섬유로 된 옷을 그대로 입힌 채 교육하고, 심지어 고기까지 구워 먹는 어처구니없는 일들이 목격되곤 합니다.

이 같은 한계로 인해 아토피 환자가 급증하고 있으며, 이 책을 쓰게 된 중요한 이유가 바로 여기에 있습니다.

지난 20여 년 동안 방송국에서 구성작가로 일하면서 정치와 경제, 사회, 문화 등 각 분야에 걸쳐 다양한 문제와 이슈를 집중적으로 취재해서 실체적이고 객관적인 진실을 찾아 방송하는 일을 했습니다.

일반적으로 방송에서 보도되는 내용이라면 많이 신뢰할 것입니다. 방송은 공익을 위한 사회적 공기公器이기 때문에 어느 한쪽으로 치우치지 않는 것이 생명입니다. 이것은 객관적 사실과 진실을 의미하며, 저

또한 늘 올바른 원고를 쓰기 위해 노력했습니다. 이 글을 읽는 독자 가운데도 제가 쓴 원고에 의해 방송된 다큐멘터리나 특집 프로그램을 접한 분이 적지 않을 겁니다.

이 같은 사실을 먼저 밝히는 이유는 이 책의 내용 또한 방송 프로그램 이상으로 객관적 사실과 진실을 담고 있다는 것을 강조하기 위함입니다.

방송작가로 일하던 어느 날, 우연히 자연의학 연구가들을 만나면서 자연건강법의 세계에 눈을 뜨게 됐습니다. 그리고 단식 등의 자연건강법을 직접 실천해 본 후 놀라운 효과를 체험했고, 그때부터 자연의학과 식품 분야 전문가들을 만나 다양한 내용을 취재하면서 많은 공부를 했습니다.

또한, 각종 불치병에 걸린 사람들이 자연건강법으로 치유되는 과정을 무수히 지켜보았고, 이런 사실을 낱낱이 기록하고 궁금한 문제들을 조사 연구하면서 자연의학의 경이로움 속에 빠져들었습니다.

비록 비제도권이라는 이유만으로 현대의학계는 물론 제가 몸담았던 방송과 신문 등 언론들도 인정하지 않고 무시하지만, 자연의학을 깊이 이해하면서 이것은 그들의 독선과 아집 그리고 무지와 편협함에서 비롯된 사실이라는 것을 누구보다 절감했습니다.

그 후로 1년에 한두 차례 10일 동안 단식을 하면서 자연건강법을 생활화하고 있습니다. 현대의학으로 고치지 못하는 주변의 병든 사람들을 직접 지도하기도 했으며, 그들이 치유되는 과정을 두 눈으로 확인했습니다.

이 같은 과정을 거치면서 자연건강법이야말로 원인을 알 수 없는 생활습관병을 물리치고 우리의 건강을 지킬 수 있는 최고의 방법이라는 사실을 확신하게 되었습니다.

문제는 현대의학이 아무리 과학적으로 입증된 사실이라도 자연의학을 받아들이지 않는다는 것입니다. 아토피만 하더라도 현대의학이 자연의학을 받아들이면 보다 정확한 원인 분석과 함께 치료도 빠르게 진행될 것입니다. 하지만 자연의학을 받아들이지 않기 때문에 사실상 반쪽짜리 치료가 되고, 치료 기간도 오래 걸리는 것이 현실입니다.

저의 소망은 병마에 시달리는 사람들의 온전하고 빠른 치료를 위해 현대의학과 자연의학이 서로의 장점을 살리고 상호 보완하여 환자를 최대한 이롭게 하는 것입니다. 이것이 바로 의술醫術이 아니라 참된 의미의 인술仁術이기 때문입니다.

그렇다면 과연 아토피란 무엇일까요? 아토피atopy는 그리스어로 '비정상적인 반응', '기묘한', '뜻을 알 수 없다'는 것을 의미합니다. 그리고 아토피 피부염Atopic dermatitis은 아토피 알레르기를 가진 사람에게 나타나는 대표적인 피부병으로서 피부 건조증과 가려움증이 주 증상입니다. 사전적 정의에 의하면 아토피는 가계적家系的 또는 유전적遺傳的으로 나타나는 알레르기성 소인素因으로 되어 있습니다. 그런가 하면 1925년 미국의 A.코카는 인체가 어떤 특이한 종류의 물질에 대해 선천적으로 타고 난 과민성 반응을 보이는 증상을 아토피라고 정의했습니다.

아토피는 천식이나 피부병을 앓았던 가족이 있는 사람에게 잘 나타나고, 꽃가루와 먼지 등의 알레르기에 대해 민감하게 반응하며, 혈청 내에 항체가 없는 사람에게도 나타납니다. 혈액이 산성으로 기울거나 각종 신체적, 정신적 스트레스에 대해 피부가 비정상적인 반응을 나타내는 것도 아토피로 분류하고 있습니다.

또한, 의학자들은 음식물의 단백질과 공기 속의 유해환경물질 같은 알레르겐이 체내에 들어와 아토피와 같은 알레르기 반응을 나타낸다고 주장합니다. 이외에도 활성산소와 과산화지방의 과다, 장내 세균층의 균형 상실 등으로 생성된 독소가 아토피를 만든다고 하는 등 다양한 의견이 존재하고 있습니다.

이 같은 분석과 주장은 논리적으로 매우 타당하고 근거가 있습니다. 그래서 현대의학자나 자연의학자 할 것 없이 아토피를 극복하기 위해서는 먹거리와 환경 개선이 가장 중요하다고 역설합니다. 실제로 이것의 개선을 통해서 아토피가 치료되는 사람이 많습니다.

그러나 이것만으로는 아토피의 원인과 치료법을 설명하기에는 많이 부족합니다. 아토피의 원인과 치료법은 매우 다양하므로 앞서 언급한 것처럼 현대의학이나 자연의학 어느 한 가지만으로 설명을 한다는 것은 반쪽짜리에 불과합니다.

아토피 때문에 날마다 극심한 고통을 받고 있는 사람들에게는 어려운 의학적 분석보다는 왜 무엇 때문에 아토피에 걸리고 어떻게 하면 빨리 나을 수 있는지, 앞으로 어떻게 해야 다시 걸리지 않는지 쉽게 이해할 수 있는 단순하면서도 명쾌한 해답이 필요합니다.

반쪽짜리로서는 언제까지나 미완성일 수밖에 없으므로 환자는 물론 의사도 치료에 자신이 없으며, 그러는 사이에 병은 깊어가고 환자와 그 가족은 방황하게 됩니다. 따라서 아토피에 걸리면 '이렇게 해야 한다'고 하는 것보다 자신이나 사랑하는 아이들이 아토피라는 무서운 병에 걸리게 된 이유를 충분히 납득할 수 있다면, 그 치료법 또한 빠르게 받아들이고 치유도 빨라질 수 있을 겁니다.

그러나 현실은 그렇지 않기 때문에 아토피 환자와 그 가족은 현대의학을 믿지 못하고 나름대로 자연건강법을 공부하면서 서로가 축적한 지식과 경험을 나누며 아토피와 싸우고 있는 것이 오늘날의 현실입니다.

중요한 것은 아토피는 결코 단순한 피부질환이 아니라는 점입니다. 피부 겉이나 자체에서 발생하는 외피 질환이 아닙니다. 잘못된 먹거리와 유해물질이 몸 안으로 들어와 생성된 독소가 제대로 배설되지 못하고 피부 안쪽에 쌓였다가 피부를 뚫고 나오는 소화기 질환, 즉 내피 질환입니다.

인체의 외부를 감싸고 있는 피부를 외피부, 호흡기와 소화기를 내피부라고 부릅니다. 성인의 경우 외피부의 면적은 대략 1.5평방미터에 불과하지만, 내피부의 면적은 200평방미터로 외피부보다 무려 130배 큽니다. 이 엄청난 면적의 호흡기와 소화기에 날마다 접촉하는 공기와 음식물의 각종 유해물질이 알레르기와 밀접한 관계가 있습니다. 아토피의 뿌리는 여기에서 만들어지는 것입니다.

따라서 외피부의 치료만으로는 아토피가 결코 나을 수 없습니다. 인체는 유기체이기 때문에 내피부에서 발생하는 문제점부터 고쳐야 외피부에 나타나는 아토피를 이길 수 있습니다. 아토피의 치료는 이 사실을 아는 것에서부터 출발합니다.

자연을 가까이하면 병에서 멀어지고, 자연을 멀리하면 병과 가까워진다는 말은 진리 중의 진리입니다. 오늘날 아토피와 암을 비롯해 원인을 알 수 없는 병들이 만연하고 있는 이유는 우리가 자연을 멀리한 데서 오는 당연한 결과이기 때문입니다. 도시화와 산업화로 의식주가 서구화되면서 우리는 점점 자연으로부터 멀어졌고, 몸 안에 각종 유해물질이 쌓이면서 예전에는 보지도 듣지도 못한 병들도 생겨났습니다.

이 글을 쓰기 위해 많은 사람을 만나 취재하면서 놀라운 이야기도 자주 들었습니다. 그중 하나가 수입 사료를 먹은 소의 똥에는 쇠똥구리가 살지 않는다는 것이었습니다. 실제로 국내 축산농가들이 한우에게 수입 사료를 먹이기 시작하면서 쇠똥구리는 멸종 상태라고 합니다. 그뿐만이 아닙니다. 채소의 새싹에 수입 밀가루를 뿌리면 해충이 달려들지 못합니다. 이 얼마나 놀라운 사실인가요?

우리 아이들이, 우리 국민이 날마다 수입 사료를 먹은 소에게서 나오는 고기와 우유 등의 가공식품을 먹고 있고, 수입 밀가루로 만든 빵과 과자, 라면, 햄버거를 먹고 있습니다. 그러고 보면 광우병만의 문제가 아닙니다.

아토피나 암과 같은 무서운 병에서 벗어나려면 그동안의 잘못된 먹거리를 바꾸고, 유해물질로 인해 몸 안에 쌓인 독소를 하루빨리 제거해서 몸을 바로잡아 우리의 의식주를 다시 자연과 가까웠던 옛날로 바꿔야 합니다.

방부제와 항생제, 호르몬제, 농약 등에 오염된 먹거리를 건강한 친환경 곡채소 먹거리로 바꾸면 병든 몸도 금방 건강해지기 마련입니다. 의사의 아버지인 히포크라테스가 '음식을 의사로 삼아라. 음식으로 못 고치는 병은 없다'라고 말한 것도 이 때문입니다.

먹거리와 더불어 우리를 병들게 하는 원인은 두말할 것 없이 환경입니다. 도시화와 산업화가 급격하게 이루어지면서 자동차 배기가스와 공장 굴뚝에서 내뿜는 가스는 물론 공기 중에 떠다니는 유해 환경물질들이 사람의 몸을 공격하고 있습니다.

새집증후군은 말할 것 없고, 심지어 아이들이 생활하는 유치원과 학교 교실의 공기조차 숨 쉬기에 위험한 수준이라는 보도는 어른들의 가슴을 꽉 막히게 합니다.

만원 지하철을 타면 금방 숨이 헉헉 막히는 이유는 객차 안에 산소보다 이산화탄소가 더 많기 때문입니다. 사람들은 산소 대신 남이 내뱉은 이산화탄소를 마시고, 폐는 폭발하기 일보 직전입니다.

옷 역시 하나같이 두껍고 몸에 해로운 화학섬유로 된 것들을 입고 있으니 피부는 숨을 쉬지 못해 신음합니다. 이러니 어떻게 현대인들이 병들지 않을 수 있을까요?

아토피 자녀를 둔 부모가 도시를 버리고 공기 좋은 시골로 내려가 건강한 먹거리를 먹으며 생활한 결과, 아토피가 놀라보게 호전된 사례를 TV에서 종종 소개하는 것을 볼 수 있습니다. 먹거리와 환경은 이처럼 아토피와 불가분의 관계에 있습니다.

최근 들어 우리 사회 전반에 이 같은 인식이 확산하고 있는 것은 정말 반가운 일이 아닐 수 없습니다. 식탁에서 인스턴트 음식을 철저히 추방하는 가정이 늘고 있고, 아토피 예방 차원에서 아이들에게 친환경 급식을 제공하는 초등학교도 늘고 있습니다.

이것은 정말 놀라운 일입니다. 이미 일선 학교들은 아토피가 먹거리와 밀접한 관계에 있다는 것을 알고 아이들의 급식을 친환경 먹거리로 바꾸고 있습니다. 물론 북유럽의 학부모들이 아이들의 급식을 위해 직접 농사를 지어 공급하고 있는 것에 비하면 아직 미미합니다. 하지만 요즘 학부모들의 최대 관심사인 아토피를 예방하기 위해 급식 환경을 바꾸는 학교가 늘고 있는 것만으로도 희망이 보입니다.

결론적으로 아토피를 이기기 위해서는 우선 아토피가 무엇인지 그 실체부터 정확히 알고 나서 방법을 찾아야 합니다. 원인을 알고 나면 아토피를 이기는 방법도 쉽게 찾을 수 있습니다. 아토피가 싫어하는 것만 열심히 실천하면 됩니다.

그렇다면 아토피가 싫어하는 것은 무엇일까요? 이 책이 그 답을 말해 줄 것입니다. 하지만 아무리 방법을 안다고 할지라도 아토피는 금방 좋아지는 병이 아닙니다. 꾸준히 인내심을 갖고 오랫동안 싸워 이기겠다는 각오가 필요합니다.

이 책에서 제시하는 아토피에 대한 치료와 예방 방법은 비단 아토피뿐만 아니라 천식과 비만, 당뇨, 심장질환, 고지혈증, 고혈압, 고혈당, 골다공증, 간 기능 이상, 암, 백혈병 등 모든 생활습관병에 적용되고 해당합니다. 자연건강법은 먹거리와 환경, 체질의 개선이라는 큰 줄기 안에서 거의 모든 병을 다루고 있기 때문입니다.

이 책에서 제시하는 대로 실천하고 생활화한다면 어른, 아이 할 것 없이 현대인이 겪고 있는 거의 모든 생활습관병의 치료와 더불어 예방도 될 것입니다. 임신부는 아토피가 없는 건강한 아이를 낳을 것이며, 자라나는 우리 아이들은 어른이 돼서도 암을 비롯한 무서운 병에 걸리지 않고 평생 건강하게 살아갈 수 있습니다.

마지막으로 이 책은 부모는 물론 자녀와 함께 읽어도 충분히 이해할 수 있을 만큼 쉬우면서도 체계적인 내용으로 구성했습니다. 또한, 음식과 건강에 대해 많은 부분을 할애하고 있는데, 음식과 건강을 안다는 것은 자라나는 우리 아이들의 자기 통제 훈련과 인성 교육에도 큰 도움이 됩니다.

육식을 많이 하는 아이들은 성격이 거칠고 호전적이지만, 채식을 많이 하는 아이들은 조용하고 유순합니다. 이것이 인성이며, 먹고 싶은 음식에 대한 절제는 곧 자기 통제 훈련입니다.

이 책을 통해 우리나라 가정의 식탁과 학교 급식, 나아가 군대와 회사 급식이 바뀌고 먹거리에 대한 국민의 인식이 새로워지기를 바랍니다. 그래서 급증하고 있는 암이나 아토피 같은 무서운 병의 고통으로부터 국민 모두 자유로워질 수 있게 되기를 진심으로 소망합니다.

저자 박원석

목 차

제 2 장

소금을 모르고는 건강을 이야기하지 마라

제 3 장

사람의 몸과 영혼을 공격하는 먹거리

제 4 장

아토피와 암, 생활습관병 극복 방법

제 5 장

자연건강법 치유 사례

제 1 장

아토피에 대한 진실 그리고 오해

잠 못 이루게 하는 무서운 아토피

_ 갓 태어난 아기가 왜 아토피에 걸릴까?

“

“쓱싹쓱싹….”

“싸각싸각….”

깊은 밤, 곤히 잠든 정원이가 또 몸을 긁기 시작했습니다. 정원이는 괴로운 표정을 지으며 얼굴과 목, 팔 등을 사정없이 긁고 있습니다. 엄마는 이 소리를 듣기만 해도 소름이 끼칩니다.

“세상에, 이걸 어쩌면 좋아? 정원아! 정원아!”

엄마가 부리나케 일어나 불을 켭니다.

“여보, 왜 그래요?”

아빠도 눈을 비비며 잠에서 깨어납니다.

“정원이 좀 봐요. 또 긁고 있잖아요.”

엄마와 아빠는 이불을 젖히고 정원이에게 다가갑니다. 정원이는 잠든 채로 얼굴과 목을 어찌나 심하게 긁었는지 금방이라도 피가 날 것 같습니다.

"정원아! 정원아!"

엄마 아빠가 아무리 큰 소리로 부르며 흔들어도 정원이는 잠에서 깨어나지 못하고 그저 몸만 사정없이 긁고 있습니다. 얼굴을 긁었다가, 목을 긁었다가, 허벅지를 긁다가 다시 얼굴을 긁으면서 그렇게 괴로워할 수 없습니다.

"정말 못 살겠어! 우리 정원이가 얼마나 괴로울까?"

아빠는 정원이가 더 이상 긁지 않도록 두 손을 꽉 잡고 꼼짝하지 못하게 합니다. 엄마가 차가운 물수건을 가져와 가려운 부위를 닦아주지만, 정원이는 계속 괴로워하며 몸을 보챕니다.

정원이가 이렇게 한밤중에 몸을 긁는 것은 바로 아토피 때문입니다. 엄마 아빠가 정원이 때문에 잠을 설치는 일은 한두 번이 아니라 거의 매일 밤마다 되풀이되고 있습니다.

"

아토피 어린이가 있는 가정이라면 남의 일처럼 생각하지 않을 것이다. 정원이의 몸에 아토피가 나타난 것은 태어난 지 얼마 되지 않아서부터였다. 어느 날 갑자기 얼굴에 붉은 반점이 생기더니 얼굴 전체와 목, 손목, 배, 팔다리 등 몸 전체로 번진 것이다.

아토피에 걸리면 피부에 붉은 반점이 생기면서 부풀어 오르고 마치 습진처럼 가렵게 된다. 또 반점이 마르면서 피부가 갈라지고, 세균이 침투하면 부스럼과 딱지가 생겨 흉하게 된다.

아토피 증상은 보통 아이가 태어난 지 2개월에서 3개월 사이에 나타난다. 가끔은 두 살에서 세 살 때 나타나기도 하지만 10명 중 6명이 한 살 이전에 나타나는 것으로 알려져 있다. 전체적으로는 10명 중 9명이 다섯 살이 되기 전에 증상이 나타난다.

이것은 정말 놀랍고도 무서운 일이다. 왜 아무 죄도 없는 아이들이 태어나자마자 혹은 태어난 지 얼마 안 돼 이처럼 난데없는 아토피에 걸릴까. 분명 이유가 있을 텐데 왜 그럴까?

매우 흥미로운 사실이 또 있다. 아토피에 걸린 아이들을 살펴보면, 나이가 50대 엄마보다 40대 엄마의 자녀들이 더 많이 걸린다. 또 40대 엄마보다 30대 엄마에게 태어난 아이가 아토피에 더 많이 걸린다.

그렇다면 이처럼 나이 든 엄마보다 상대적으로 젊은 엄마에게 태어난 아이일수록 아토피에 더 많이 걸려 있다는 사실을 무엇을 의미할까. 정말 이상한 일이 아닌가. 이 때문에 임신한 젊은 엄마들이 혹시 내 아이가 아토피를 달고 태어나는 것은 아닐까 하면서 겁을 내는 것은 당연하다. 실제로 요즘 태어나는 아이 셋 중의 한 명은 아토피라고 하니 정말 잠시라도 마음을 놓을 수 없다.

각종 조사 결과, 아토피는 공기가 좋은 시골보다 도시, 특히 공업단지 부근에 사는 아이들에게 더 많이 발생하는 것으로 나타나고 있다. 그 이유는 무엇일까. 물론 오염된 공기 때문이라는 대답 외엔 달리 설명할 길이 없다.

아토피에 걸린 아이를 둔 부모라면 누구든 궁금한 점이 많을 것이다. 하지만 지피지기는 백전백승! 아토피를 정확히 알고 나와 내 아이를 알아야 이겨낼 수 있다.

무서운 아토피, 지겨운 아토피를 어떻게 해야 내 아이 몸에서 떠나보낼 수 있을까. 이제부터 하나하나 본격적으로 알아보자.

아토피에 대한 진실과 오해 ❶

Q 아토피의 원인은 무엇인가요?

A 아토피 원인은 정확히 밝혀져 있지 않습니다. 부모로부터 물려받은 체질, 즉 유전적 영향으로 걸리거나 잘못된 음식물의 섭취와 혈액 속의 독소가 원인인 것으로도 알려져 있습니다. 아울러 공기 속의 꽃가루나 해로운 유해 환경물질, 스트레스 등이 피부에 이상반응을 일으켜 발병하는 것으로도 알려져 있습니다.

Q 아토피는 어떤 특징을 갖고 있나요?

A 태어난 지 2~3개월 사이에 나타나고, 열 명 중 여섯 명이 1년 안에, 그리고 열 명 중 아홉 명이 다섯 살 이전에 나타납니다. 젊은 엄마에게 태어난 아이일수

록 아토피에 많이 걸려 있으며, 시골보다 도시와 공단 부근에 사는 아이들에게 많이 나타납니다.

Q **아토피는 왜 무서운가요?**

A 가려움증 때문에 잠을 제대로 잘 수 없고, 집중력이 떨어져 공부는 물론 아무 일도 할 수가 없습니다. 심할 경우에는 피가 나도록 긁고, 다 나아도 보기 싫은 흉터가 남습니다. 정신이 산만해져서 정신과 치료를 받기도 하고, 심지어 자살까지 하는 경우도 있습니다.

핵심 포인트

아토피를 이기려면 먼저 원인을 정확히 알고 나서 이길 방법을 찾아야 하는데, 그 모든 것을 일목요연하고 명쾌하게 가르쳐주는 곳이 없다. 처음에는 피부과 병원이나 아토피 전문 한의원을 찾지만 좀처럼 나아지지 않는 아이 모습에 실망하고 자연요법, 민간요법에 의존하게 되며, 시행착오를 반복하다가 증상이 오히려 더 심해지는 경우가 많다.

자녀에게 아토피 증상이 나타났다면 덮어놓고 피부과를 찾기보다는 먼저 아토피에 대해 열심히 공부해서 올바르고 정확한 지식부터 쌓아야 한다. 현재 서점에는 아토피에 관한 수많은 책이 나와 있고, 인터넷에도 많은 아토피 자료가 DB화 되어 있으며, 관련 커뮤니티 활동도 활발하다.

여기에는 아토피를 물리친 개인적인 경험을 담은 내용이 많은데, 대부분 몸속의 독소를 배출하는 제독요법制毒療法과 먹거리, 환경 개선을 통해 극복한 것으로 대동소이하다. 그러나 많은 사람의 지혜가 담겨 있기 때문에 일단 공부를 해서 자연건강법에 대한 이해의 폭을 넓히는 것이 중요하다.

아토피는 단기간에 치료될 수 있는 병이 아니다. 꾸준히 오랫동안 싸워 물리치겠다는 각오를 하고 올바른 지식의 토대 위에서 자연건강법을 실천해 나가야 한다. 그러는 사이에 자신도 모르게 먹거리와 식습관, 환경에 대한 사고가 달라지며, 아토피에 걸린 자녀들은 물론 나머지 가족의 건강까지도 좋아지게 된다.

아토피에 걸리면 밤에 더 가려운 것은 부신副腎이라는 장기가 분비하는 호르몬과 밀접한 관계가 있다. 신장의 바로 위쪽에 붙어 있는 부신은 신장과는 그 구조와 기능이 전혀 다르다.

부신의 바깥쪽을 둘러싸고 있는 부신피질副腎皮質은 생명 유지에 없어서는 안 될 중요한 호르몬을 분비한다. 스테로이드 호르몬이라고 부르는데, 나트륨이나 칼륨, 수분 등의 조절에 관여하고 피의 흐름을 정상으로 유지하게 만든다. 또한 글리코겐과 혈당의 형성, 근육무력의 활성화, 항알레르기, 항염증 등의 작용을 하는 인체에 필수적인 호르몬이다.

일반적으로 부산피질 호르몬은 밤 10시에서 11시부터 생산과 분비가 떨어지고, 새벽 3시에서 4시가 되면 다시 활발해진다. 이 때문에 아토피에 걸린 아이들은 부산피질 호르몬의 분비가 떨어지는 늦은 밤부터 이른 새벽녘까지 계속 긁게 돼 잠을 제대로 잘 수 없는 것이다. 물론 취침 시간이 되면 긴장이 풀어져서 가벼운 가려움이라도 쉽게 느껴지는 탓도 있다. 피부과에서 가려움증에 부신피질 호르몬제, 즉 스테로이드제를 처방하는 이유가 여기에 있다.

밤에 따뜻한 이불을 덮고 잠을 자면 집먼지진드기 때문에 가려움증이 더 심해질 수 있다. 따뜻한 이불은 집먼지진드기가 서식하기 좋은 최적의 환경으로, 이불 한 장에는 적어도 약 80만 마리의 집먼지진드기가 있다고 한다.

따라서 아토피 자녀가 있는 가정은 항상 집안을 깨끗이 하고 햇볕에 이불을 자주 말리는 등 청결 유지에 신경을 써야 한다. 침구류도 화학섬유로 된 것은 피하고 반드시 면으로 된 것을 사용해야 한다.

피부는 중요한 호흡기관

_ 스테로이드제 연고를 바르는 것이 왜 나쁠까?

“

“엄마, 이거 봐요. 가렵단 말이에요!”

엄마 아빠는 정원이의 두 손을 꽉 붙잡고, 정원이는 잠결에 몸을 긁고 싶어 발버둥을 칩니다.

“안 돼! 긁지 마, 정원아! 피 나잖아.”

“놔요. 긁고 싶어요!”

하지만 엄마 아빠는 정원이의 손을 놔줄 수 없습니다. 놔주면 피가 나는 곳을 계속 긁을 것이 뻔하니까요. 가렵다고 마구 긁으면 상처가 생기고, 세균에 감염되면 당연히 아토피가 더 심해진다는 사실을 엄마 아빠는 잘 알고 있습니다.

엄마는 정원이의 얼굴과 목, 허벅지에 얼음찜질을 해 주었습니다. 얼음

찜질이나 수건에 찬물을 적셔서 닦아주면 가려움증이 진정된다고 합니다. 빈 병 같은 차가운 물건으로 문질러 주는 것도 하나의 방법입니다. 또 목초액을 묽게 희석해서 스프레이로 뿌려줘도 진정이 되고, 녹즙을 발라주면 그 속에 든 엽록소가 염증을 완화시키는 효과도 있습니다.

그리고 반드시 기능성 보습제를 발라서 피부가 촉촉하게 수분을 유지하는 것이 중요합니다. 피부가 건조해지면 아토피가 더 심해지고 가렵습니다.

"여보, 연고 좀 발라주면 안 될까?"

정원이가 너무 괴로워하는 것이 안타까운지 아빠가 엄마에게 말하지만, 엄마는 고개를 젓습니다.

"안 돼요. 연고를 바르면 당장은 괜찮을지 몰라도 나중에 더 큰 부작용이 생긴대요."

엄마 말이 맞습니다. 이런 상황이니 아토피에 걸린 아이들이 있는 집의 부모님은 얼마나 가슴이 답답할까요?

한동안 엄마와 아빠가 실랑이를 하다 보니 어느새 정원이는 가려움증이 사라졌는지 잠이 들었습니다.

엄마 아빠는 그제야 안심한 듯 깊은숨을 내쉽니다. 그래도 안심할 수 없습니다. 언제 또 정원이가 몸에 피가 나도록 긁어 댈지 모르니까요.

아토피에 걸린 아이들의 엄마가 대부분 그렇듯이 정원이의 몸에 아토피가 생기자 엄마는 유명하다는 피부과 병원은 다 찾아다녔습니다. 하지만 원인을 모르는데 치료 방법이 있을 리 없습니다.

”

아토피가 생기면 엄마들은 아이를 데리고 가장 먼저 피부과 병원을 찾는다. 하지만 병원에서는 눈에 보이는 증상만을 없애는 것에만 주력한다.

병원에서는 먼저 가려움증을 없애기 위해서 항히스타민제를 사용하고, 염증을 치료하기 위해 스테로이드제를 처방하며, 상처가 세균에 감염되면 항생제를 사용한다. 항히스타민제는 항원항체반응으로 인해 몸 안에 지나치게 많이 생긴 히스타민의 작용을 억제하는 약이다. 그렇다면 히스타민이란 무엇일까?

유해물질이 호흡이나 음식물을 통해 몸 안으로 들어오거나 피부에 접촉되면, 우리 몸은 인체를 보호하기 위해 자연치유력을 발동한다. 이 과정에서 유해물질에 대한 항체가 비만세포에 만들어지는데, 단백질에 속하는 이 항체가 바로 면역 글로불린이다.

여기서 비만세포란 동물의 결합조직 가운데 널리 분포하는 것으로서 피부와 혈관, 점막 주변에 있다. 히스타민과 헤파린을 생산해 피가 응고하는 것을 막고 잘 통하게 하며 혈압을 조절하는 역할을 한다.

비만세포에 만들어진 항체, 다시 말해 면역 글로불린에 다시 유해물질이 들어오면 항체는 과민반응을 일으켜 히스타민이라는 단백질을 만든다. 이 히스타민이 혈관을 확장시키면서 독소와 함께 수분을 피부로 몰아내려 하기 때문에 알레르기 증상이 나타난다.

이때 독소의 자극으로 인해 심한 가려움증이 발생하며, 가려움을 참

지 못하고 긁어서 피부에 상처가 나고, 세균이 침입해서 피부가 붉어지거나 발진이 생기면서 진물이 나는 상태가 바로 아토피인 것이다.

이와 같은 인체의 반응을 히스타민 작용이라고 하며, 항히스타민제는 이 작용을 억제하는 약이다. 그래서 병원에서는 아토피 환자는 물론 비염이나 기관지 천식, 두드러기 등 각종 알레르기성 질환과 멀미, 초기 감기 치료에도 항히스타민제를 처방하고 있다.

하지만 항히스타민제를 많이 사용하면 졸음과 어지러움, 식욕 감퇴, 구토, 변비, 설사, 기침, 저혈압, 배뇨 곤란, 발한 등의 부작용이 나타난다.

그런가 하면 부신피질 호르몬제, 즉 스테로이드제는 지금까지 개발된 어떤 염증약보다 강력하고 아스피린보다 100배 이상의 항염증 작용을 나타내는 것으로 알려져 있다.

스테로이드제 역시 부작용이 심각한 물질이다. 자주 사용하면 할수록 피부 내에 스테로이드를 분해하는 효소가 많아져서 약효가 떨어진다. 결과적으로 더 강한 스테로이드제를 사용하게 만들어서 수면과 정서 장애, 식욕 증가, 고혈압, 당뇨병, 소화기 궤양, 근육병, 골다공증, 관절염 등 많은 부작용을 가져오게 된다.

스테로이드제의 잦은 사용은 피부의 2차 감염과 모세혈관 확장, 피부 위축 등의 부작용을 불러온다. 2차 감염이란 부신피질 호르몬에 의해서 인체의 면역반응이 멈추는 사이에 세균이나 곰팡이, 바이러스 등이 공격을 하게 되면, 이들을 물리칠 힘이 없어져 또 다른 피부질환이 새롭게 생기게 되는 경우를 말한다. 피부의 각질층이 수분의 보호 기능을 상실해 쉽게 피부가 건조해지고, 손상된 피부지질층, 세라마이드에 발이 묶인 독소 때문에 가려움증은 더 심해진다. 이때 외부의 세균과 곰팡이, 바이러스 등에 쉽게 감염돼 새로운 염증이 생기고, 수분의 상실로 인해 코끼리 피부처럼 변해가는 각질화 현상이 심화한다.

스테로이드제를 연고를 바르면 처음에는 증상이 호전되고 피부도 부드러워져서 괜찮은 것처럼 느껴진다. 하지만 오래 바를수록 모세혈관이 확장돼 피부가 종이처럼 얇아지면서 얼굴에 실핏줄이 얽혀 마치 딸기처럼 보이게 된다. 그리고 피부의 위축은 땀구멍을 넓어지게 만들어 보기 흉한 자국을 남긴다.

이와 같은 심각한 부작용으로 인해 스테로이드제는 장기간 사용을 제한하고 있으며, 꼭 필요할 때만 사용하도록 하고 있다. 아이들이 아토피 때문에 괴로워해도 엄마들이 스테로이드제 연고를 발라주지 않는 것도 이 때문이다.

아토피 환자가 가려움증을 가라앉히기 위해서 피부에 각종 연고를 두껍게 바르는 것이 나쁜 또 하나의 중요한 이유가 있다. 그것은 피부의 호흡 작용을 못 하게 만들 뿐만 아니라 몸 안의 독소와 노폐물이 빠져나오지 못하게 해서 상태를 더욱 악화시키기 때문이다. 실제로 피부는 코, 입과 함께 우리 몸의 매우 중요한 호흡기관이다. 사람은 코와 입만 아니라 피부로도 숨을 쉰다.

사람이 활동하고 살아가기 위해서는 산소가 많이 필요한데, 코와 입으로 들이마시는 공기만으로는 산소를 몸 전체 구석구석까지 다 보낼 수 없다. 그래서 머리끝에서 발끝까지 공기와 항상 닿아 있는 피부가 숨구멍을 통해서 모세혈관에 산소를 직접 공급하는 것이다. 피부를 '제 2의 폐'라고 부르는 이유가 바로 여기에 있다.

피부를 자세히 살펴보면 무수한 털구멍, 즉 모공이 보인다. 이 털구멍이 바로 숨구멍이며, 숨구멍이란 곧 숨을 쉬는 호흡기관이다. 숨구멍은 산소를 받아들이고 이산화탄소를 내보내는 통로이자 땀 등의 노폐물을 배설하는 통로이기도 하다. 사람이 심한 화상을 입으면 피부가 썩고 죽는 것도 바로 숨구멍이 막히는 바람에 피부 곳곳에 뻗쳐 있는 모세혈관으로 산소를 보내지 못하기 때문이다.

이처럼 중요한 역할을 하는 피부에 각종 연고를 두껍게 발라서 피부 본연의 기능을 해치고 숨구멍이 숨을 쉴 수 없게 만들면 어떻게 될까.

피부는 인체에서 가장 큰 장기이다. 무게는 체중의 약 16%를 차지하고, 어른의 경우 총면적이 신문지 석 장을 펼친 넓이와 같다. 그래서 코와 입으로 들이마시는 산소와 함께 넓은 면적의 피부가 숨구멍을 통해서 몸의 모세혈관에 쉴 새 없이 산소를 공급하기 때문에 우리는 살아갈 수 있는 것이다.

호흡 작용을 통한 피부의 흡수력은 정말 대단하다. 여행을 떠날 때 귀밑에 아주 작은 파스 하나만 붙여도 멀미가 예방되는 것을 볼 수 있다. 피부가 파스 속에 든 멀미 예방 성분을 빨아들여 몸 안의 신경 계통으로 전달하기 때문에 멀미하지 않는 것이다.

문제는 이런 강력한 흡수 작용 때문에 피부가 공기 중에 섞여 있는 벤젠이나 자동차 배기가스, 중금속 등 유해물질도 당연히 함께 흡수한다는 점이다. 황사가 오거나 매연이 자욱한 날 마스크만 쓴다고 해서 되는 것이 아니며, 피부가 공기 중에 노출이 돼면 안 되는 이유가 여기에 있다. 산성비가 피부에 닿으면 더 해로운 것은 두말할 필요 없다.

피부는 몸의 체온을 조절하는 매우 중요한 작용을 한다. 날씨가 차가우면 털구멍을 잔뜩 움츠리고 닫아서 몸 안의 열이 밖으로 빠져나가는 것을 막는다. 날씨가 더우면 털구멍을 활짝 열어서 몸 안의 열을 밖으로 내보내 식혀줌으로써 체온을 항상 일정하게 유지하는 것이다.

피부가 지닌 또 다른 중요한 역할 중의 하나가 몸 안에 쌓인 독소와 노폐물을 밖으로 내보내는 배설 작용이다.

사람의 몸은 음식과 산소, 물이 만든다. 이 세 가지가 만나 소화 흡수되면서 영양분으로 변해 몸의 뼈와 살을 만들고, 또 활동하는 데 필요한 칼로리를 만든다. 음식물의 소화 흡수 과정에서 생긴 쓸모없는 찌꺼기와 이산화탄소 등은 대변과 소변, 하품을 통해 밖으로 배설된다. 그 후 영양분의 신진대사 과정에서 생긴 노폐물과 땀, 눈물, 콧물을 통해 밖으로 내보내게 된다. 이 노폐물과 독소를 밖으로 배설하는 데 가장 중요한 역할을 하는 것이 신장과 피부이다.

신장은 소변을 통해 노폐물과 독소를 내보내고, 인체에서 가장 큰 면적을 차지하고 있는 피부는 땀을 통해 끊임없이 몸 안의 노폐물과 독소를 밖으로 내보내고 있다.

이런 노폐물과 독소가 밖으로 원활하게 빠져나가지 못하고 몸 안에 쌓일 때 사람은 암이나 아토피, 고혈압, 당뇨와 같은 중병에 걸리게 되는 것이다.

이렇게 중요한 피부에 연고를 많이 발라서 본연의 기능을 해치고 숨을 못 쉬게 만들어 노폐물과 독소가 나오는 것을 막는다면 어떻게 될까.

물론 염증 부위를 손톱으로 긁어 세균에 감염됐을 때는 상처가 곪지 않도록 항생제 연고를 바르는 것은 필요하다. 하지만 단지 염증이나 가려움증을 없애려고 연고를 남용하는 것은 안 된다. 저수지에 물이 가득 차 둑이 터지려고 하는데 물은 빼지 않고 둑에 시멘트만 바르는 격이 되기 때문이다.

자, 이제 우리 몸에서 피부의 역할이 얼마나 중요한지, 피부에 무턱대고 연고를 바르면 왜 나쁜지 잘 알게 되었을 것이다.

아토피에 대한 진실과 오해 ❷

Q 아토피에 걸린 아이들이 몸을 긁으려 할 때는 어떻게 하는 것이 좋은가요?

A 먼저 수건에 찬물을 적셔서 닦아주거나 얼음찜질을 해서 진정시키는 것이 좋습니다. 그리고 목초액을 묽게 희석해서 뿌려주거나 녹즙을 발라줍니다. 기능성 화장수를 뿌려서 피부가 촉촉해지는 보습 효과를 주는 것도 좋은 방법입니다.

Q 아토피에 스테로이드제 연고를 자주 바르면 왜 나쁜가요?

A 스테로이드제 연고를 오래 바를수록 더 강한 성분을 바르지 않으면 안 되며, 부작용으로 또 다른 각종 질병을 부르게 됩니다. 또한 피부에 2차 감염과 모세혈관 확장, 피부 위축 등을 가져오며, 피부의 호흡 작용과 배설 작용을 방해합니다.

Q 피부는 몸에서 어떤 작용을 하나요?

A 피부는 온몸에 퍼져 있는 모세혈관에 산소를 공급하는 호흡 작용과 외기를 빨아들이는 흡수 작용을 합니다. 아울러 외부의 온도 변화에 따른 체온 조절 작용을 하며, 신장과 함께 몸 안의 노폐물과 독소를 밖으로 내보내는 배설 작용을 합니다.

핵심 포인트

아토피 환자가 병원에 찾아가면 의사들은 정확한 치료법을 모르기 때문에 대부분 항히스타민제와 스테로이드제를 처방한다. 가려움증이 가라앉고 겉보기에 염증이 없어지는 효과가 있어서 가장 먼저 처방하는 것이다. 하지만 체질의 개선 없이 계속 사용하면, 약 기운이 떨어질 때 다시 가려움증과 염증이 나타날 수밖에 없다.

특히 스테로이드제는 장기간 사용하면 약 성분이 피부조직에 침착돼 조직 자체가 산화 콜레스테롤로 바뀌기 때문에 지속해서 염증을 유발하게 된다. 이 때문에 한번 스테로이드제를 바르기 시작하면 계속 의존성이 커지는 것이다. 따라서 스테로이드제 사용은 최대한 자제하는 것이 좋다.

아토피 증상은 가장 먼저 피부에 나타나고, 가려움증과 염증 등 참을 수 없는 고통을 주기 때문에 피부 고유의 기능과 역할을 정확히 아는 것이 중요하다. 그래야 아토피는 물론 유기체인 인체 건강 전반에 대한 이해가 쉬워진다.

인체에서 피부처럼 중요한 기관은 없다. 피부는 건강의 바로미터다. 피부만 보고도 그 사람의 건강 상태, 병의 유무를 판단하기도 한다.

피부는 여러 층이 쌓여 있는 층상 구조를 이루고 있다. 이 중에서도 가장 바깥쪽의 각질층은 외부의 유해물질이 인체로 유입되거나 인체 내의 수분이 밖으로 빠져나가는 것을 막는 중요한 역할을 하고 있다. 특히 수분이 빠져나가는 것을 막아주기 때문에 몸 안의 세포들은 생명 유지에 필요한 수분을 유지할 수 있다.

각질층의 세포들을 접착제처럼 견고하게 묶고 있는 것이 세포 간의 지질이다. 지질의 세라마이드 성분은 피부를 촉촉하고 건강하게 만들며, 외부에서 들어오는 유해물질과 세균으로부터 피부를 보호하는 역할을 한다.

그러나 아토피에 걸려 세라마이드의 양이 감소하면 수분의 손실이 커지면서 피부가 건조해지고 꺼칠꺼칠해지는 등 피부의 방어벽이 붕괴하기 때문에 외부의 세균과 유해물질이 침투하기 쉬운 상태가 된다. 이때 피부에 바르는 목초 희석액은 살균과 진정 효과가 있으며, 녹즙은 세포의 재생 효과 그리고 기능성 화장수는 피부의 방어막 역할을 한다.

아토피 환자에게 가장 중요한 것은 무엇보다 청결이다.

우리 생활 환경에는 먼지와 집먼지진드기, 피부 유해균, 꽃가루, 오염물질, 땀 등 인체를 위협하는 요소가 많다. 이런 유해물질들이 손상된 피부보호막을 통해 몸 안으로 들어오면 아토피를 더욱 악화시킬 수 있다. 따라서 아토피 환자는 목욕과 샤워를 자주, 가볍게 하는 것이 좋다. 이때는 반드시 천연성분으로 만든 비누나 액상의 세정제를 사용해야 하며, 타월 등으로 때를 밀어서는 안 된다. 때를 밀게 되면 피부보호막 역할을 하는 각질층이 얇아져서 피부가 더 건조해지거나 미세한 상처를 남길 수 있기 때문이다.
목욕이나 샤워가 끝난 후에는 오일이나 로션, 크림 등의 보습제를 발라서 아토피로 약해진 피부를 보호하고, 피부가 건조하게 되는 것을 막아야 한다. 보습제는 식물추출물 등 세라마이드를 함유하고 피부보호막을 회복시켜 줄 수 있는 천연제품이 바람직하다.

환절기나 겨울철에는 보습제를 자주 발라주는 것이 좋다. 이 시기에는 공기가 건조해지기 때문에 피부 역시 더욱 건조해져 가려움증이 심해진다. 따라서 겨울철 실내 공기가 건조해지는 것을 막기 위해 가습기를 틀어서 공기 속에 적당한 수분을 유지해야 한다.
가정에 아토피 어린이가 있으면 밤에 긁어서 얼굴이나 피부에 상처가 날 수 있으므로 항상 손톱을 깎아주고, 옷소매가 손을 덮는 긴 잠옷을 입히는 것이 좋다. 옷은 화학섬유 말고 반드시 면으로 된 것을 입히는 것이 매우 중요하다.

아토피의 주범은 몸 안의 독소

_ 무엇이 몸 안에서 독소를 만들까?

“

“어머, 애 얼굴이 왜 저러니?”

“글쎄, 나도 모르겠어.”

“아토피 아냐? 예쁜 정원이가 어쩌다 저렇게 됐지?”

어려서부터 정원이 얼굴을 보는 사람마다 엄마에게 이렇게 말하곤 했습니다. 지금은 많이 나아졌지만, 아토피가 심했을 때 정원이의 얼굴은 정말 보기에도 흉했습니다. 얼굴과 목 부분에 빨간 반점과 부스럼이 덕지덕지 나서 보는 사람마다 눈살을 찌푸리며 걱정했지요.

“아유, 속상해! 어쩌다 우리 정원이가 아토피에 걸려가지고.”

그럴 때마다 엄마는 얼마나 괴로웠는지 모릅니다. 괴롭기는 정원이도 마찬가지였습니다. 상처가 흉하고 옮길지도 모른다며 친구들은 가까이 오려고 하지 않았습니다.

하지만 아토피는 독감이나 코로나19 같은 전염병이 절대 아닙니다. 피부병도 아닙니다. 사실 벌레에 물리거나 수영장에서 생긴 피부병이라면 약을 먹고 연고 몇 번만 바르면 대부분 쉽게 낫지 않습니까.

아토피는 피부에 생기는 흉한 증상이기는 하지만 친구나 가족에게 옮길 염려가 없다는 것을 아이들에게 가르쳐줄 필요가 있습니다. 아토피는 보기에 흉해서 어린아이일수록 가까이하려고 하지 않기 때문에 그렇지 않아도 고통받는 아이에게 정신적인 상처까지 줄 수 있습니다.

”

아토피가 피부병도 전염병도 아니라면 도대체 무슨 병일까.

피부병이나 전염병 같은 세균성 질환과 신체의 어떤 부위를 다쳐 세균이 침투한 것을 제외하고, 우리 몸의 어딘가에 이상이 생긴다는 것은 소화기관과 호흡기관의 문제밖에 없다. 즉, 날마다 먹고 있는 잘못된 먹거리와 코나 피부로 들이마시는 공기 속의 유해물질이 우리 몸에 이상을 가져오는 원인이다.

우리가 먹는 음식물의 영양소는 피를 만들고, 피에 의해 몸속 곳곳으로 운반돼 인체라는 구조물을 만들며, 생명 활동에 필요한 칼로리로 활용한다. 음식물이 잘못돼 있다거나 식습관이 나쁘면, 피가 오염돼 인체의 조직과 기능에 이상이 생기고 생명 활동을 영위하는 데 영향을 끼치게 된다. 다시 말해 질병이 생긴다는 의미이다.

우리 몸은 맑고 신선한 산소가 필요하다. 산소는 몸 안으로 들어와 에너지 대사를 돕는다. 우리 몸은 신진대사가 활발하게 이루어지지 않으면 노폐물이 축적돼 신체 기능에 이상이 나타나고 노화를 촉진하게 된다. 코나 피부 등 호흡기를 통해 산소가 아닌 해로운 물질이 몸 안으로 유입되면, 몸은 당연히 이상반응을 일으킬 수밖에 없다.

인체에는 자기방어력과 자연치유력이 있다. 입을 통해 해로운 물질이 몸속으로 들어오면 몸은 위액이나 췌장액, 담즙 등의 소화액을 많이 분비해서 독을 희석하고 구토와 설사 등을 통해서 몸 밖으로 배출한다. 핏속으로 유해물질이 흡수되지 않기 위해 신체가 스스로 방어를 하는 것이다. 설령 핏속으로 들어왔다고 할지라도 스스로 정화 작용을 통해 몸을 복원시킨다. 이것이 자연치유력이다.

하지만 이와 같은 유해물질이 아닌 어떤 특이한 물질들이 몸 안으로 들어오게 되면 인체는 알레르기와 같은 알 수 없는 이상반응을 일으킨다. 이 물질이 알레르겐이다.

알레르겐Allergen이란 알레르기성 질환의 원인이 되는 항원을 말한다. 침입 경로에 따라 식품성과 흡입성, 접촉성, 약제성, 기생성 등으로 분류되며, 종류 또한 매우 다양하다. 채소나 과일 등에 들어 있는 방부제와 잔류 농약, 성장을 촉진하는 호르몬제, 화학조미료, 감미료, 트랜스지방, 항생제 등의 의약품, 수돗물의 염소 등이 알레르겐으로 된다. 또한, 잘못된 식생활 때문에 장에서 중간대사를 하는 과정에서 생기는 화합물, 대기오염과 꽃가루, 집먼지진드기, 건축 자재에서 나오는 유기화합물, 스트레스 등 알레르겐은 매우 광범위하다.

알레르겐은 입이나 코, 피부를 통해 인체 내로 끊임없이 들어오기 때문에 누구도 쉽게 차단할 수 없다. 입으로 먹고, 코로 들이마시고, 피부로 접촉하고, 그리고 약이나 곤충, 나무, 주거환경 등 알레르겐과 관련이 없는 것이 없다.

중요한 것은 알레르겐 가운데 아토피와 관련되지 않은 것은 하나도 없다는 사실이다. 알레르겐의 공통점은 몸 안으로 들어가면 하나같이 독소를 만들며, 이 독소가 결국 아토피와 암을 비롯한 각종 만병의 원인이 되고 있다는 것이다.

일부 의학자들은 이런 알레르겐이 아닌 건강한 음식물의 단백질도 알레르겐으로 변해 아토피와 같은 알레르기 반응을 나타내기도 한다고 말한다.

아토피에 걸린 아이가 달걀을 먹을 경우, 달걀의 단백질이 소화기관에서 완전히 소화된 후 작은 분자의 아미노산으로 변해 장벽에서 흡수되면, 이것은 영양소가 되어 아무런 알레르기 반응이 일어나지 않는다. 하지만 단백질이 소화가 잘 안 되고 장벽에 상처가 있는 상태에서 단백질의 큰 분자가 그대로 장벽에서 체내에 흡수되면, 이때는 달걀의 단백질이 알레르기를 일으키는 항원, 즉 알레르겐으로 변한다.

알레르겐이 비만세포의 표면에 있는 항체와 서로 결합하면 비만세포가 터지게 된다. 이때 비만세포 속에 있던 히스타민이 혈관으로 들어가 독소와 수분을 피부 쪽으로 배출시키기 때문에 피부에 가려움증과 진물이 발생하는 것이다.

아토피와 함께 어린이 천식도 큰 문제가 되고 있는데, 천식 또한 마찬가지이다. 알레르겐에 의한 알레르기 반응이 기관지에서 일어나 발작을 일으키는 것이 천식이기 때문이다. 또한, 이것이 코의 점막에서 일어나면 알레르기성 비염, 눈에서 일어나면 알레르기성 결막염이 된다.

이처럼 알레르겐에 의한 알레르기성 반응이 몸의 어디에 나타나느냐에 따라 병명만 달라질 뿐 증상이 일어나는 구조는 모두 같다.

활성산소가 아토피의 원인이라는 주장이 있다. 활성산소는 몸속으로 들어간 산소가 각종 대사 과정에서 환경오염으로 인한 화학물질과 자외선, 혈액순환 장애, 스트레스 등으로 인해 과잉 생성된 산화력이 강한 산소를 말한다. 인체의 소화 흡수 과정에 기여하며, 면역 기능과 관련된 독소의 청소 기능, 살균 기능 등 중요한 역할을 한다.

활성산소가 과잉 생산되면 몸속에서 불필요한 산화 작용을 일으켜 생체조직을 공격하고, 세포막과 DNA 외에 모든 세포 구조를 손상시켜 기능을 잃거나 변질되게 만든다.

이와 함께 활성산소는 몸속의 여러 아미노산을 산화시켜서 단백질의 기능이 저하되고, 핵산을 손상하여 돌연변이나 암의 원인이 되기도 하며, 인체의 생리적 기능을 저하하여 각종 질병과 노화의 원인이 되기도 한다.

이렇게 남아도는 활성산소와 함께 아토피의 원인이 되는 물질이 과산화지질이다. 과산화지질은 활성산소가 인체 내의 지질인 불포화지방산과 만나 만들어지는데, 활성산소와 똑같은 작용으로 우리 몸을 해친다. 다른 점이 있다면 활성산소는 과산화지질보다 훨씬 강력한 힘을 가지고 있는 반면, 체내에서 생성되었다가 삽시간에 소멸하기도 한다는 것이다. 하지만 과산화지질은 소변을 통해 배설되지 않고 세포조직을 연쇄적으로 파괴해 나가기 때문에 성질이 더 나쁜 물질이다.

선천적이든 후천적이든 피부 기능이 약한 경우, 몸속에서 만들어진 과산화지질은 가장 먼저 인체에서 취약한 피부조직에 달라붙어 피부지질인 세라마이드 성분과 각질층의 기능을 파괴한다. 과산화지질이 아토피의 원인이 되는 것도 바로 이 때문이다.

현대인이 앓고 있는 질병의 약 90%는 활성산소가 만들어내는 과산화지질과 관련 있다고 알려져 있다. 아토피와 암, 동맥경화, 당뇨병, 뇌졸중, 심근경색증, 간염, 신장염, 파킨스병, 자외선과 방사선에 의한 질병 등이 그것이다. 따라서 이런 질병에 걸리지 않으려면 몸속의 활성산소를 없애야 한다.

활성산소를 없애는 항산화물질로는 비타민C, E, A와 불포화지방산 등이 있다. 이는 채소와 과일, 생선, 식물성 기름, 양질의 단백질 같은 음식물에서 얻을 수 있으며, 죽염 또한 항산화 작용이 매우 뛰어난 물질이다.

사람의 장에 공생하는 유익균과 유해균의 비율이 맞지 않아 유해균이 늘어난 것이 아토피의 원인이 된다는 주장도 있다.

일반적으로 성인의 장에는 400여 종류 이상의 균들이 약 100조 마리 이상 서식하고 있다. 장이 건강하기 위해서는 유익균과 유해균이 일정한 균형을 유지해야 하며, 우리 몸의 면역체계는 유익균을 보호하고 유해균이 늘어나지 않게 막고 있다.

하지만 몸 안으로 들어오는 음식물의 성분과 환경조건의 변화, 스트레스 등에 따라 이 비율이 변화한다. 예를 들어, 음식 속에 든 항생제나 방부제 성분이 몸속으로 많이 들어와 장내에 유해균이 우세하게 되면, 각종 영양소의 흡수를 막고 독소를 만들어 혈액 속으로 들어와 아토피의 항원이 될 수 있다.

이외에도 스트레스가 아토피를 악화시킨다는 주장도 설득력이 높다. 아토피에 걸린 아이들은 가려움증과 따가움의 고통으로 인해 성격이 예민하고 날카로운 편이며, 신경질과 짜증을 잘 부리고 당연히 음식도 제대로 먹기 힘들다. 특히 자신의 아토피 때문에 부모가 걱정하고 친구들에게 따돌림을 당하기라도 하면 심한 스트레스를 받을 수밖에 없다.

스트레스를 받아 교감신경이 흥분한 상태가 되면 심장 박동이 빨라지고 모세혈관이 수축하면서 혈압이 상승하게 된다. 이렇게 되면 중추로부터 전기적인 자극이 일어나 교감신경의 말단에서 에피네프린, 즉 아드레날린이 분비돼 혈액 속에 독성물질이 생긴다. 이것을 제거하기 위해 활성산소가 만들어지는데. 이때 혈액 속의 지질이 과산화지질로 변해 상태를 더욱 악화시킨다.

이 같은 사실만 보더라도 스트레스가 아토피뿐만 아니라 왜 만병의 근원인지를 잘 알 수 있다.

지금까지 아토피의 원인으로 알려진 다양한 종류의 알레르겐과 활성산소, 과산화지질, 장내 세균 그리고 스트레스 등에 대해 알아봤다.

그런데 자세히 살펴보면 여러 가지 아토피의 원인에는 한 가지 공통분모가 있다. 어떤 형태든 잘못된 먹거리와 유해물질이 몸속으로 들어와 만드는 독소가 아토피와 밀접한 관련이 있다는 사실이다. 여기서 말하는 독소란 생물체가 만들어내는 독성이 강한 물질을 말한다.

사전에서도 확실하게 정의하지는 못하지만, 독소는 고분자물질로서 온혈동물의 혈액으로 들어오면 독성을 띠는 것으로 항원성을 갖는다. 물론 병원성 박테리아 등에 의해 만들어진 유독물질이나 부패한 유기물에서 생긴 유독화합물도 당연히 독소의 일종이다.

독소는 혈관을 타고 온몸을 돌아다니다가 어느 혈관 한 곳에 달라붙거나 쌓이게 된다. 간에 달라붙어 많이 쌓이면 종양을 만들어 간암이 되고, 폐에 달라붙어 쌓이면 폐암, 또 가슴에 쌓이면 유방암, 대장에 쌓이면 대장암이 되는 것이다.

그렇다면 이제 해답이 보이기 시작한다.

아토피의 원인 역시 잘못된 먹거리와 해로운 환경, 즉 유해물질 흡입과 접촉 등에 있다. 이것이 체내에 들어와 독소로 변하고, 핏속으로 들어가 흐르다가 항원항체반응으로 비만세포가 파괴되면서 히스타민이 분출된다. 이 독소가 결국 피부로 몰려가면서 일어나는 증상이 바로 아토피다.

왜 독소가 이처럼 피부에서 아토피를 만드는 것일까. 대답은 간단하다. 신장과 더불어 피부가 몸의 배설기관이기 때문이다.

우리 몸의 자기방어력과 자연치유력은 자신을 지키기 위해 몸속에 들어온 알레르겐이나 활성산소 등이 생성한 독소를 밖으로 배출하기 위해 끊임없이 노력한다. 그러나 배설기관인 신장과 피부가 소변이나 땀 등으로 독소를 원활하게 배출하지 못하거나 지나치게 많이 생기면, 독소는 결국 피부밑의 세포에 쌓여 끊임없이 피부를 뚫고 나오려 할 수밖에 없다. 아토피가 쉽게 낫지 않는 것도 바로 이 때문이다.

그렇다면 왜 이런 현상이 갓 태어났거나 어린아이들에게 갑자기 많이 나타나는 것일까.

아토피에 대한 진실과 오해 ❸

Q 아토피에 대한 정의는 어떻게 요약할 수 있나요?

A 아토피는 피부 표면에 생기는 단순한 피부병이 아니라 호흡기와 소화기를 통해 들어온 알레르겐이 주범인 질환입니다. 또한, 아토피는 알레르겐이 몸속으로 들어와 만든 독소가 밖으로 빠져나가지 못하고 피부밑에 쌓여 피부를 뚫고 나오려는 증상입니다. 따라서 아토피는 피부 치료가 아닌 몸속에 쌓여 있는 독소를 몸 밖으로 배출시키고, 먹거리와 생활환경의 개선을 통해 완전히 극복할 수 있습니다.

Q 우리 몸속에 독소를 만드는 것에는 무엇이 있나요?

A 잘못된 먹거리와 유해물질 등의 알레르겐, 산화력이 강한 활성산소와 과산화지질의 과잉, 먹거리 속에 든 항생제와 방부제 등에 의한 장내 유익균과 유해균의 균형 파괴, 스트레스 등이 있습니다.

Q 독소는 우리 몸속에서 어떤 작용을 하나요?

A 독소는 만병의 근원으로 피를 탁하게 만듭니다. 또한, 피를 타고 혈관을 돌아다니다가 특정 부위에 종양과 암을 만듭니다. 무엇보다 피부밑의 비만세포에 쌓여 아토피 발생의 원인이 됩니다.

핵심 포인트

예전 고기가 귀해서 채식 위주로 먹으며 흙벽으로 만든 초가집과 기와집에서 살던 시절, 사람들은 영양 부족으로 키가 작고 말랐지만 아토피나 암과 같은 무서운 병에 대한 걱정은 없었다. 피부병이라고 해도 기생충이나 세균 감염에 의한 병일 뿐이었고, 이런 피부병은 약을 먹고 연고를 바르면 그냥 나았다.

하지만 먹거리와 물, 공기 등이 극도로 오염되고 유해가스를 내뿜는 콘크리트로 된 아파트에서 살아가는 현대인들은 무수한 알레르겐에 무방비로 노출되어 있다. 자욱한 도시의 매연과 수많은 자동차가 내뿜는 배기가스, 시야를 가로막는 미세먼지 등 유해 환경물질들은 시도 때도 없이 우리의 건강을 위협하고 있다.

여기에 방부제가 든 수입 밀가루와 대량으로 사육하는 소, 돼지, 닭으로 만든 패스트푸드와 정제당 일색인 청량음료, 농약과 식품첨가물에 노출된 먹거리 등은 그 자체가 알레르겐 덩어리라고 해도 과언이 아니다.

이뿐만이 아니다. 의약품의 오용과 남용, 화학섬유로 만든 옷 등 현대인에게 알레르기성 질환이 급증하는 것은 당연한 이치이다.

이 같은 아토피를 비롯한 알레르기성 질환은 고도로 산업화한 문명사회에서 필연적으로 발생할 수밖에 없다. 이를 극복하기 위한 최선의 방법은 물과 공기가 깨끗한 자연으로 돌아가 20세기의 먹거리를 먹으며 사는 것이다. 하지만 이는 현실적으로 어려우므로 최대한 자연 친화적으로 살면서 오염된 먹거리를 올바른 먹거리로 바꾸어야 한다.

아토피 환자가 급증하면서 의사나 환자, 그 가족도 이러한 알레르겐이 아토피를 일으키는 아주 중요한 인자라는 것에 대한 인식이 점점 높아지고 있다.

하지만 아직도 아토피 환자의 대부분을 차지하는 갓 태어난 아이들이 왜 아토피에 걸리는지에 대한 연구가 부족하다. 이것을 아는 것이야말로 아토피를 예방하는 첩경이 될 것이다.

아토피와 체질

_ 아토피는 왜 엄마 아빠의 잘못일까?

“

“여보, 아토피 원인 중에 유전도 있다고 하는데 혹시?”

정원이의 아토피 때문에 속이 상한 아빠가 어느 날 이렇게 말하자 엄마는 그만 화가 났습니다.

“뭐예요? 그럼 우리 친정 집안에 아토피를 앓은 사람이 있어서 정원이가 아토피에 걸렸다는 말이에요?”

“아니 꼭 그렇다는 것은 아니고. 혹시나 해서 물어본 거야.”

“아니긴 뭐가 아니에요? 그렇지 않아도 애 때문에 속상한데, 어쩜 당신이 나한테 그런 말을 할 수 있어요?”

“미안해. 잘못했어. 방금 한 말 취소.”

사실 아빠 집안에는 아토피를 앓은 사람이 한 명도 없습니다. 그러니 아빠는 정원이가 부모의 체질을 물려받아 아토피에 걸렸다면 혹시 외갓집 영향을 받은 것이 아닌가 하고 의심한 것이지요. 하지만 엄마의 집안에도 아토피를 앓은 사람이 전혀 없습니다.

"우리 친정 집안에는 아토피에 걸린 사람이 눈을 씻고 찾아봐도 없다고요. 그러니 당신 집안이나 잘 찾아보세요."

"취소한다고 했잖아."

정원이의 아토피 때문에 엄마 아빠가 하마터면 크게 싸울 뻔했습니다.

가정의 평화까지 파괴하는 공공의 적인 아토피! 그럼 정원이는 아토피 체질을 부모로부터 물려받지 않은 것이 확실한데, 아토피가 유전되기도 한다는 말은 어떻게 해서 나왔을까요?

아토피에 걸린 아이들을 가만히 살펴보면 부모나 친가와 외가, 즉 친삼촌이나 고모, 외삼촌, 이모 가운데 아토피를 앓은 사람이 더러 있다. 하지만 정원이 가족처럼 엄마 아빠를 포함해서 친가와 외가 쪽에 아토피를 앓은 사람이 한 명도 없는데도 불구하고 아이가 아토피에 걸리는 경우가 더 많다. 그렇다면 아토피가 집안에서 유전적으로 나타나는 알레르기성 소인이며, 부모의 체질과 상관이 있다는 이야기도 신빙성이 매우 떨어진다.

지금부터 30년, 50년 전에도 아토피는 있었을 것이다. 하지만 지금처럼 아토피가 기승을 부리지 않았던 것만큼은 확실하다. 아토피는 결국 시대와 환경의 변화에 따라 생겨난 돌연변이가 아닐까.

예전에는 아기가 태어나면 얼마 안 돼 지금의 아토피와 비슷하게 얼굴이나 몸에 붉은 반점이 나타나는 증상이 더러 있었다. 이를 '태열胎熱' 혹은 '태독胎毒'이라고 한다. 엄마의 배 속에 있을 때나 출산하는 과정에서 열이 생기고 독이 올랐다는 말이다. 하지만 태열과 태독은 태어난 지 얼마 안 돼 대부분 없어진다.

아토피를 태열이라고 하는 사람도 있는데 아토피와 태열은 분명 다른 의미이다. 예전에는 요즘과 같은 아토피가 없었기 때문이다. 이것도 물론 부모의 체질과는 상관이 없다.

그렇다면 부모로부터 아토피 체질을 물려받는다는 것, 다시 말해 유전적으로 나타나는 알레르기성 소인이라고 하는 것은 무엇을 의미하는 것일까.

우리는 부모로부터 피와 살을 물려받고, 동시에 몸집이나 체질, 성격과 성품도 물려받는다. 모든 면에 있어서 자녀들은 부모를 그대로 닮는다는 것이다.

중요한 것은 이러한 몸집과 체질, 성격과 성품 등은 음식과 매우 밀접한 관계가 있다는 사실이다. 실제로 쌀밥과 고기를 많이 먹으면 살이 찌고 몸집이 커진다. 지금은 그렇지 않지만, 예전에는 대체로 잘 먹고 잘사는 집안의 사람들은 몸집이 큰 반면, 못 먹고 못사는 집안의 사람들은 몸집이 작고 마른 편이었다.

또한, 육식을 많이 하는 사람은 성격이 호전적인 데 비해 곡채류(곡류와 채소)를 많이 먹는 사람은 성격이 유순하다. 육식을 하는 호랑이와 사자는 성격이 거칠고 무섭지만, 풀만 먹는 기린이나 코끼리가 유순한 이유와 마찬가지이다. 과거 서양 사람들이 호전적인 것은 육식을 주로 했기 때문이며, 동양 사람들이 순한 것은 채식을 주로 했기 때문이다.

실제로 실험용 쥐를 두 무리로 나눠서 가둬 놓고 한쪽은 고기만, 다른 한쪽은 곡채류만 준 결과, 곡채류만 먹고 자란 쥐들은 평화롭게 지냈다. 반면, 고기만 먹고 자란 쥐들은 서로 물어뜯고 싸우는 현상이 벌어졌다는 연구 결과가 있다.

요즘 채식 전문 식당이 늘고 있는데, 가 보면 그렇게 조용할 수가 없다. 대화도 소곤소곤, 젓가락질 소리도 거의 나지 않는다. 하지만 고기를 파는 식당에 가 보면 와글와글 시끌벅적 요란하다.

사람에게는 '식성'이라는 것이 있다. 엄마 아빠가 기름기 많은 고기를 좋아하면 자녀들도 자연히 부모의 식성을 닮아 고기를 좋아한다. 좋아하고 싫어하고를 떠나 어려서부터 부모가 먹는 음식을 자연스럽게 따라 먹다 보니 식성이 같을 수밖에 없다.

기름기가 많은 돼지고기를 많이 먹는 사람은 당연히 비만이나 고혈압, 고지혈증 같은 병에 걸리기 쉽다. 그래서 엄마 아빠가 육류를 좋아하는 집은 부모도 비만이나 고혈압, 고지혈증에 잘 걸리고, 자녀 역시 같은 음식을 좋아하기 때문에 당연히 똑같은 병에 걸릴 가능성이 크다.

또 다른 예로 부모가 암에 걸리면 자녀들도 암에 걸릴 확률이 높다. 왜 그럴까. 어려서부터 부모와 자녀가 같은 식탁에서 같은 음식을 먹으며 같은 환경에서 살았기 때문이다. 마찬가지 이유로 부모가 당뇨나 고혈압에 걸리면 자녀 역시 당뇨와 고혈압에 잘 걸리는 것이다.

이처럼 우리 몸이 부모의 체질을 물려받는다는 것이 유전이다. 유전자란 부모로부터 자녀가 물려받는 특징, 어떤 형질을 만들어내는 인자를 말한다. 유전정보의 단위로서 생물 세포의 염색체를 구성하는 DNA의 배열된 방식이 유전자이다. 따라서 부모가 고기를 좋아하는 유전인자를 가지고 있으면 자녀도 이 유전인자를 물려받아 당연히 고기를 좋아하게 돼 있다.

병도 역시 같은 병에 잘 걸리고, 아토피도 마찬가지이다. 그래서 자녀가 아토피에 걸리는 것은 부모의 식생활에 문제가 있는 것이며, 이것은 전적으로 부모의 책임이라는 이야기이다.

하지만 부모에게 이런 유전인자를 물려받고 태어났어도 자녀가 먹거리 자체를 바꾸면 DNA 배열이 변해 그때부터 유전인자가 달라지기 시작한다. 부모가 앓는 병을 자녀가 물려받는 일 또한 자연히 없어지게 된다.

결국, 음식이야말로 병의 유전인자를 바꾸는 최고의 의사인 셈이다. 의성 히포크라테스가 음식물을 의사로 하라는 말도 바로 이런 이유 때문이 아닐까.

아토피에 대한 진실과 오해 ❹

Q 아토피는 부모의 체질과 어떤 관계가 있나요?

A 부모나 친가, 외가 가운데 아토피를 앓은 가족이 있으면 자녀가 아토피에 걸리기도 합니다. 하지만 가족 중 앓은 사람이 없어도 걸리는 경우가 많습니다. 그러므로 자녀의 아토피가 반드시 유전이라고 말할 수 없습니다.

Q 부모로부터 자녀는 무엇을 물려받나요?

A 자녀는 당연히 부모로부터 피와 살 그리고 몸집과 성품을 물려받습니다. 또한, 부모의 식성을 닮아 같은 음식을 좋아하기 마련입니다. 따라서 부모가 좋아하는 같은 음식과 환경에서 살기 때문에 같은 병을 물려받기 쉬운 것입니다.

Q 먹거리와 유전인자는 어떤 관계가 있나요?

A 부모의 유전인자를 닮아 자녀의 먹거리가 같습니다. 먹거리를 바꾸면 DNA 배열이 달라져 유전인자도 달라집니다. 그래서 부모가 앓는 병을 자녀들이 물려받는 일이 없어집니다.

핵심 포인트

유전자란 부모로부터 자녀가 물려받는 특징, 어떤 형질을 만드는 인자인데, 이 형질을 만드는 것이 무엇인지 생각해 볼 필요가 있다. 사람이 먹는 음식물은 시대와 환경의 변화에 따라 달라졌다. 우리나라의 경우, 과거 수백 년 동안 곡채류 위주의 음식을 먹어왔던 시기에는 유전인자의 급속한 변형이 있을 수 없었다. 하지만 언제부터인가 경제적인 풍요를 누리게 되면서 곡채류 일변도의 음식은 급속히 고기와 수입 밀가루 음식 위주로 바뀌었고, 이에 따라 유전인자 또한 빠르게 바뀌었다.

유전적인 관점에서 볼 때, 부모의 아토피를 자녀가 물려받았다면 그것은 당연히 부모의 먹거리에 원인이 있다. 유전이 아니라고 해도 그 원인 역시 부모가 좋아하는 음식을 자녀와 함께 먹는 밥상에 있다. 자녀가 아토피에 걸렸다면 그 책임이 전적으로 부모에게 있는 것이 바로 이 때문이다.

아토피 자녀를 둔 부모는 자신이 먹고 있는 먹거리를 냉철하게 돌아보고 맹렬하게 반성해야 한다. 먹거리를 바꿔야 아토피를 고칠 수 있을 뿐만 아니라 유전인자가 달라져 병의 대물림이 없어지고 건강해진다는 사실을 꼭 명심해야 한다.

엄마의 먹거리와 태아의 건강

_ 태어난 지 두 달 만에 왜 아토피에 걸렸을까?

"

"엄마, 궁금한 게 있어요?"

공부를 하던 정원이가 엄마에게 묻습니다.

"뭔데?"

"내가 아토피에 걸린 게 언제쯤이에요?"

"태어나서 두 달쯤 지났을 때부터였을 거야. 갑자기 얼굴에 반점이 생기면서 긁기 시작했거든."

엄마 말씀에 정원이는 이해할 수 없다는 얼굴로 다시 물었습니다.

"그럼 엄마, 내가 뭘 잘못해서 아토피에 걸린 거예요?"

"뭐라고?"

"태어난 지 두 달 만에 걸렸다면서요? 사실 전 아무것도 잘못한 게 없잖아요? 그때는 엄마가 주는 우유만 먹었을 테니까요. 안 그래요?"

정원이의 말이 백번 옳습니다.

"그래. 넌 태어나자마자 우유밖에 안 먹었어."

"근데 왜 내가 갑자기 아토피에 걸렸나요? 정말 이상하잖아요. 엄마?"

"그러게 말이다."

엄마는 갑자기 말문이 막혔습니다. 정원이 말이 너무 맞으니까요.

정말 이상합니다. 정원이는 왜 태어난 지 불과 두 달 만에 이 무서운 아토피를 앓기 시작했을까요? 궁금하지 않습니까?

그럼 이제부터 그 이유를 알아보겠습니다.

"

자기 몸은 자기가 먹는 음식물이 만든다. 고기나 생선 같은 단백질과 칼슘, 철분이 많이 든 음식물을 먹으면 뼈가 강하고 튼튼해진다. 또 밥이나 잡곡, 채소 같은 탄수화물과 비타민, 섬유질이 많이 든 음식물은 우리 몸을 살찌우고 튼튼하게 만들며, 활동하는 데 필요한 영양분이 된다.

엄마의 몸 역시 엄마가 먹는 음식물이 만든다. 그럼 정원이가 엄마의 배 속에서 열 달 동안 살았을 때 정원이의 몸을 만든 것은 무엇이었을까? 당연히 엄마가 먹은 음식물이다. 엄마가 먹은 음식물의 영양분은 탯줄을 통해 태아인 정원이의 배꼽으로 전달돼 정원이의 몸을 만들었다. 그래서 정원이가 먹은 음식물은 엄마가 먹은 음식물과 똑같은 것이다.

그렇다면 엄마는 정원이를 임신했을 때 과연 어떤 음식을 많이 먹었을까? 정원이가 태어난 지 두 달 만에 아토피에 걸린 원인을 파악하는 데에는 열 달 동안의 임신 기간 중 엄마의 먹거리가 매우 중요하다.

엄마가 건강하고 좋은 음식, 올바른 음식을 먹었다면 정원이도 당연히 건강했을 것이다. 하지만 엄마가 잘못된 음식을 먹었다면 그 음식 속에 든 나쁜 성분이 엄마의 탯줄을 따라 정원이 몸 안으로 고스란히 들어가지 않았을까.

여기서 정원이를 임신한 엄마가 어떤 음식을 많이 먹었을지 생각해보자.

엄마는 틀림없이 태아의 뼈가 튼튼해지고 무럭무럭 건강하게 자라라고 쇠고기와 돼지고기, 닭고기는 물론이고 햄버거, 피자, 치즈, 달걀, 우유, 아이스크림 같은 음식도 많이 섭취했을 것이다. 아기를 가진 대부분의 젊은 엄마들이 다 그렇게 하니까 말이다.

이렇게 엄마가 먹은 음식을 냉정하게 살펴보자. 하나같이 방부제가 든 수입 밀가루와 역시 방부제가 든 수입 사료에 항생제와 호르몬제를 먹여 키워 식용 가공한 쇠고기, 돼지고기, 닭고기 등과 설탕, 정제염, 인공조미료, 트랜스지방 덩어리 아닌가.

설마설마하는 사람이 있겠지만 설마가 아니다. 사실이다. 엄마가 먹은 음식은 이렇듯 온갖 알레르긴이 넘치는 것뿐이다. 독소가 가득한 이 음식의 영양분은 탯줄을 통해 고스란히 태아였던 정원이의 몸속으로 들어갔던 것이다.

그렇다면 과연 이런 영양분을 받아먹은 태아의 몸은 어떻게 되었을까. 영양분 속에 든 독소는 태아의 창자와 피부밑 등에 쌓여 갔을 것이다. 특히 태아는 받아먹기만 할 뿐 먹은 것을 똥이나 오줌으로 배설할 수 없으므로 독소는 꼼짝없이 몸 안에 쌓일 수밖에 없다.

정원이는 태어나기 전, 그렇게 엄마 배 속에서 열 달 동안을 산 것이다. 그런 줄도 모르고 엄마는 계속 나쁜 음식만 먹었고, 그러는 사이에 말 못 하는 태아의 얼굴, 목, 가슴, 배, 허벅지, 팔, 다리 등 온몸 피부밑에 독소가 차곡차곡 쌓인 것이다.

이것은 매우 중요하다. 정원이가 태어나자마자 두 달 만에 아토피에 걸린 것도 몸 안에 가득 쌓인 독소들이 기다렸다는 듯이 피부를 뚫고 나오려 하기 때문은 아닐까. 아니면 앞서 이야기한 것처럼 피부밑의 비만세포에 독소가 쌓이자 자연치유력의 발동으로 면역 글로불린 항체가 생겼을지 모른다. 여기에 다시 알레르겐이 들어가는 바람에 항체가 과민반응을 일으켜서 히스타민을 만들어 아토피를 유발한 것은 아닐까.

엄마의 잘못된 먹거리에 의해 만들어진 독소가 아니더라도 태아가 엄마의 배 속에서 열 달 동안 살면서 엄마로부터 탯줄을 통해 받아먹은 영양분의 찌꺼기, 즉 태변은 갓난아기의 몸에 결코 이로울 것이 없다. 아니 절대적으로 해롭다.

그렇다면 태어나자마자 이 찌꺼기를 밖으로 배설시켜주는 것이 옳지 않을까. 그래서 예전에 우리 할머니, 어머니 들은 아기가 태어나면 48시간 동안 젖을 먹이지 않고 태변을 배설해 장을 깨끗이 비우도록 했다. 실제로 48시간 동안 엄마의 젖은 나오지 않는다. 엄마의 젖이 나오지 않는다는 것은 48시간 동안 아기가 젖을 먹지 않아도 살 수 있는 충분한 영양소가 몸 안에 비축돼 있다는 점을 의미한다. 그리고 이 시간 동안 몸 안의 찌꺼기를 모두 태우고 배설한 후 깨끗이 비운 몸으로 엄마의 젖을 받아먹으라는 자연의 섭리이다. 이때 아기에게 식힌 보리차 물을 입에 적셔주는 정도만으로도 충분하며, 48시간이 지난 후 모유를 먹이면 그 젖이 곧 아기의 피와 살이 되는 것이다.

우리 할머니, 어머니 들은 아기가 태어나면 발가벗긴 상태로 1시간 40분 정도 엄마 곁에 둬서 폐와 심장이 튼튼해지도록 도왔다. 출생 전의 태아는 엄마의 동맥을 통해 산소가 풍부한 혈액을 공급받기 때문에 폐는 할 일이 없다.

태아의 몸에서 심장으로 들어간 피는 우심방과 좌심방 사이에 판막이 부착된 난원공과 좌심방, 좌심실을 거쳐 머리와 팔 등으로 공급된다. 또한, 우심방에서 우심실로 들어간 피의 일부는 폐동맥에서 폐로 들어가지 않고 배와 다리 등 몸 아래쪽으로 공급된다.

하지만 출산을 하게 되면 첫울음과 함께 아기가 호흡을 시작하면서 피는 폐로 들어간다. 그 순간 폐동맥의 압력이 떨어지면서 좌심방의 압력이 높아져 난원공이 서서히 닫히고 비로소 하나의 완전한 심장으로

완성되는 것이다.

이때 정상적인 아기의 심장은 좌심실을 힘차게 수축시켜 피를 온몸으로 내보내게 된다. 그리고 온몸을 돌아온 피는 우심방으로 들어오게 되는데, 이 피는 다소 탁해져 있다. 그러면 심장은 다시 이 피를 폐로 보내서 깨끗하게 만들어 좌심방으로 보내게 된다.

그런데 난원공이 닫혀 있지 않으면 좌심방의 깨끗한 피와 우심방의 탁한 피가 섞여 좌심실에 더러운 피가 내려가게 되고, 결국 더러운 피가 아기의 온몸을 돌 수밖에 없다. 이처럼 탁한 피가 온몸을 돌게 되면 몸 안에 독소가 쌓이게 되면서 간이 해독 작용에 나서게 된다. 이 과정에서 담즙이 혈액 속으로 흘러들어가면 신생아 황달 증세가 나타난다.

난원공이 빨리 막히지 않는 것은 선천성 심장병의 원인이 되기도 한다. 따라서 아기가 태어나자마자 발가벗긴 상태로 엄마 곁에 두는 것은 난원공이 닫히는 동안 피부가 폐의 호흡을 돕는다는 점에서 우리 조상들의 뛰어난 지혜를 엿볼 수 있다.

요즘은 아기가 태어나자마자 꽁꽁 싸서 체온을 유지하며 산소와의 접촉을 막는다. 거기에다 가장 먼저 아기의 입에 젖병을 물린다. 예전 엄마들이 먹었던 것과 달리 온갖 독소가 가득한 태변을 배설하기도 전에 분유를 물에 타서 입에 물려주는 것이다.

갓 태어난 아기를 굶기지 않고 곧바로 영양가 있는 우유를 먹이게 되면, 아기는 태변을 가진 채로 성장하게 되면서 장이 약해지고 신생아 황달을 일으키는 원인이 되기도 한다.

그렇다면 갓 태어난 아기에게 먹이는 분유는 어떤 먹이를 먹은 젖소로부터 짠 젖을 가공해 만들 것일까? 설마 방부제 사료와 항생제, 호르몬제를 먹고 자란 젖소의 우유로 만든 분유는 아닐까? 값비싼 수입 분유 가운데 죽은 소를 비롯해 동물사료를 먹여 키운 젖소로부터 짠 우유로 만든 것은 절대 없을까?

열차나 자동차를 타고 여행하면서 보면 이따금 차창 너머로 젖소를 키우는 목장들이 눈에 띄곤 한다. 그런데 어떤 목장에는 젖소들이 더러운 똥 위에 무리를 지어 앉아 있다. 몸에는 덕지덕지 똥이 묻어 있고, 아무리 찾아봐도 주변엔 풀밭이라곤 없다. 이 젖소들은 과연 무엇을 먹을까? 당연히 수입 사료를 먹여 키우지 않을까? 어쩌면 눈에 보이지 않는 다른 젖소 목장들도 마찬가지일지 모른다.

물론 싱싱한 풀과 건초를 먹여 젖소를 키우는 목장도 있겠지만, 풀과 건초만 먹이면 젖이 많이 나오지 않기 때문에 젖소들에게 수입 사료를 먹여 젖을 짜는 목장이 대부분이다. 그런데 왜 수입 사료가 나쁘다고 생각하는 것일까?

쇠똥구리라는 곤충이 있다. 백과사전에 따르면 몸길이 약 16mm로 몸은 검은색이며 평평하고 타원형으로 생긴 곤충이다. 쇠똥구리는 소나 말의 똥을 둥글게 빚어 굴리면서 집을 지은 후 땅속의 굴로 가져가 그 속에 알을 낳는다. 나이 든 사람들은 예전 시골에서 쇠똥구리가 똥으로 만든 집을 굴리는 모습을 흔히 보곤 했을 것이다. 그런데 소들이 풀을 먹지 않고 수입 사료를 먹으면서부터 이 쇠똥구리들이 자취를 감춰 거의 멸종한 것으로 나타나고 있다.

왜 수입 사료를 먹은 소의 똥으로는 쇠똥구리들이 살 수 없었던 것일까? 그 대답은 간단하다. 사람이 먹는 수입 밀가루에도 방부제가 가득한데, 동물이 먹는 수입 사료에는 방부제가 오죽이나 많이 들어 있을까? 현재 시중에서 팔고 있는 우유나 분유 가운데 목장 외부에 풀어 놓고 싱싱한 풀과 건초를 먹여 키우는 젖소에게서 나오는 것이 과연 얼마나 될까?

수입 사료를 먹여 키운 젖소에게서 짠 우유는 어떤 수식어를 붙인다고 해도 이미 신선한 우유가 아니라 우리 몸 안에 들어가면 알레르겐이 되는 독인 것이다. 독소가 가득한 우유라는 뜻이다. 이런 우유를 넣어 만든 빵이나 과자, 아이스크림도 마찬가지이다. 이 얼마나 놀라운 사실인가.

갓 태어난 아기나 젖먹이에게 우유를 먹이는 것이 나쁜 이유가 또 있다. 대체로 위나 장의 점막은 몹시 약해서 쉽게 자극을 받고 상처를 입기 쉬우며, 특히 젖먹이의 피부가 약간의 자극에도 짓물러지는 것처럼 소화관 역시 연약하기 이를 데 없다. 문제는 아이들이 마시는 우유가 이 연약한 소화관에 자극과 상처를 주고, 이것이 아토피의 원인이 되기도 한다는 것이다.

우유는 모유보다 단백질이 3.5배나 많다. 그런데 상처가 난 소화관을 통해 고단백질 입자가 핏속으로 흡수되면 이것이 곧 알레르겐이 되어 아토피 증상을 유발한다. 아토피를 비롯해 알레르기성 천식과 비염, 결막염 등을 일으키는 알레르기 체질은 어렸을 때부터 이렇게 만들어지는 것이다.

그런가 하면 단백질이 완전히 소화되지 않은 채 대장에 들어오면, 대장 내에 서식하는 미생물에 의해 아토피를 일으키는 물질인 히스타민과 페놀이 만들어져 2차 알레르기 물질을 만든다는 견해도 있다.

자, 정원이가 태어난 지 두 달 만에 아토피 증상이 나타난 것은 누구의 잘못이며 누구의 문제일까? 아토피 증상이 아기가 태어난 지 2~3개월 사이에 나타나고, 10명 중 6명이 1년 안에 나타나는지 그 이유가 짐작될 것이다.

아토피에 대한 진실과 오해 ❺

Q 태어난 지 두 달 만에 정원이에게 아토피 증상이 나타난 이유는 무엇인가요?

A 태아가 건강하고 무럭무럭 잘 자라야 한다며 엄마가 임신 중에 무분별하게 방부제와 항생제, 호르몬제 등이 든 음식물을 많이 섭취했기 때문입니다. 아울러, 엄마가 먹은 나쁜 음식물의 영양분을 탯줄을 통해 받아먹은 태아의 몸

속에 독소가 쌓였고, 이것이 피부 세포를 뚫고 나오려 하기 때문입니다.

또한, 정원이가 태어나자마자 해로운 수입 사료를 먹고 자란 소에게서 짜낸 고단백의 우유를 먹였고, 이 단백질이 알레르겐이 되어 아토피를 유발하는 원인이 됐기 때문입니다.

Q 아기가 태어나면 가장 먼저 무엇을 해야 하나요?

A 발가벗긴 채 1시간 40분 정도 엄마 곁에 둬서 태열을 식혀주고, 난원공이 닫힐 때까지 피부 호흡으로 폐의 기능을 도와줘야 합니다.

또한, 48시간 젖을 주지 않고 굶겨서 몸 안에 남아 있는 영양분의 찌꺼기를 태우고 태변을 배설시켜야 합니다. 이 기간에는 식힌 보리차를 입에 적셔줍니다.

Q 아기에게 우유를 먹이는 것이 왜 안 좋은가요?

A 우유 성분 자체에 방부제와 항생제, 호르몬제 등 몸 안으로 들어가면 독소가 되는 알레르겐이 많기 때문입니다. 장이 연약하고 자극에 약한 아이에게는 고단백의 우유가 아토피 증상을 일으키는 알레르겐이 될 수 있습니다.

또한, 단백질이 완전히 소화되지 않은 채 대장으로 들어오면 아토피를 유발하는 2차 알레르기 물질을 만들기 때문입니다.

핵심 포인트

태아의 몸을 만드는 것은 임신 중에 엄마가 먹는 먹거리이다. 하지만 대부분의 젊은 엄마들은 자신이 태아의 건강을 위해 무심코 먹는 음식들이 왜 나쁜지 잘 알지 못한 채 남들이 좋다고 하니까 별다른 생각 없이 먹고 있는 것이 문제이다.

아이가 태어났을 때 먹이는 분유와 우유는 그것의 생산 원천인 젖소의 먹거리가 무엇인지, 어떤 환경에서 자랐는지를 살펴봐야 한다. 그래도 믿을 수 없다면 모유를 먹이거나 분유를 대체할 수 있는 아기 먹거리를 찾아야 한다. 물론 모유가 가장 좋다고 하지만 모유 역시 엄마의 먹거리가 잘못돼 있다면 아기에게 먹여서는 안 된다.

모유를 먹이지 못할 경우, 현미가루로 묽게 죽을 쓴 다음에 면으로 된 깨끗한 천으로 걸러서 젖병에 담아 먹이는 것이 좋다. 현미가루 미음은 영양가가 매우 뛰어난 데다가 소화도 잘 되며, 된 똥을 싸고 아기가 설사하는 일이 없어진다. 특히 현미에는 알레르기 반응을 잘 일으키는 글루텐 단백질이 없어 좋다.

생후 백일이 지나면 현미오곡가루 죽에 부드러운 채소를 넣어서 끓인 채소 이유식을 만들어 먹이기 시작한다. 채소 이유식은 아이의 몸속에 찬 독소를 제거하고 건강한 세포로 바꿔서 몸이 맑고 집중력이 강한 아이로 키워준다.

모유나 우유 없이 이렇게 자연식 먹거리만 먹여도 신체 발육에 전혀 이상이 없으며, 아기는 오히려 더 튼튼하고 건강하게 자란다.

자연의학자 가운데는 아토피의 원인을 장 속에 남아 있는 태변을 밖으로 배설시키지 않은 채 곧바로 우유를 먹이는 것으로 보는 사람이 많다. 고단백의 우유 자체가 알레르겐이 되기 때문에 일리가 있지만 태변의 배설만으로는 해결되지 않는다. 이것도 엄마의 먹거리가 좋았을 때의 이야기이기 때문이다. 중요한 것은 태변뿐만 아니라 엄마의 잘못된 먹거리로 인해 이미 몸 안에 쌓일 대로 쌓인 독소를 빼줘야 하는 점이다.

목축업자와 식품 생산업자도 좋은 사료와 환경에서 고기와 우유를 만들고 좋은 재료를 사용해 건강한 먹거리를 만들어야 한다. 먹거리 때문에 사람들의 몸이 병들고 있는데, 값이 조금 더 비싸더라도 반드시 사람의 건강에 좋은 먹거리만을 만들어 팔겠다는 양심적인 자세가 필요하다.

제 2 장

소금을 모르고는 건강을 이야기하지 마라

소금은 건강의 필수 요소

_ 자궁 속의 양수는 왜 바닷물과 같은 성분일까?

“

“엄마, 그럼 제가 아토피에 걸린 게 엄마가 저를 임신했을 때 나쁜 음식을 드셔서 그런 건가요?”

“그렇단다. 그땐 엄마도 잘 몰랐어. 남들이 태아에게 좋다고 하니까 아무것도 모른 채 많이 먹었지. 미안하다.”

“괜찮아요. 엄마도 잘 모르고 드신 거잖아요.”

“그리고 또 문제가 더 있었어.”

“그게 뭔데요?”

“평소에도 그렇지만 엄마는 널 임신하고 나서 모든 음식을 너무 싱겁게 먹었어. 얼마 전까지도 말이야.”

“왜요?”

"보통 매스컴에서는 뭐든 절대 짜게 말고 싱겁게 먹으라고 하잖아. 짜게 먹으면 안 좋다고 말이야. 그래서 엄마도 짜게 먹으면 큰일이 나는 줄 알고 무조건 싱겁게 해서 먹었거든."

"그게 무슨 문제였는데요? 그것도 제가 아토피에 걸린 것과 상관이 있나요?"

"그래. 큰 상관이 있어. 그래서 요즘은 좀 짜게 먹잖니."

"그럼 음식은 짠 게 좋은 거예요? 이상하네. 선생님도 싱겁게 먹으라고 하시던데."

정원이는 엄마 말씀이 잘 이해가 되지 않습니다.

음식을 싱겁거나 짜게 먹는 것이 건강과 어떤 관계일까요?

요즘 대부분의 엄마는 임신 전에, 임신하고 나서도 모든 음식을 싱겁게 먹는다. 그 이유는 TV나 신문 같은 매스컴에서 하나같이 음식은 절대 짜게 먹어서는 안 되며, 최대한 싱겁게 먹으라고 강조하기 때문이다.

그런데 한번 생각해보자. 김치를 싱겁게 담그면 금방 곰팡이가 피면서 상하게 된다. 간장이나 된장, 고추장도 싱겁게 담그면 당연히 상한다.

세상의 살아 있는 생명체는 동물이든 식물이든 어느 정도의 짠맛, 즉 염성을 띠고 있다. 모든 생명체는 생명 활동을 영위하기 위해 적정한 수준의 염분을 지니고 있지 않으면 안 된다는 이야기다. 실제로 풀만 먹고 사는 초식동물만 하더라도 소금을 주면 우걱우걱 씹어 먹는다. 염분 부족으로 몸이 요구하기 때문이다. 물론 집에서 사육하는 가축들은 먹이 속에 염분이 많이 함유돼 있어서 별도로 먹지 않을 뿐이다.

염성이 가득한 식물은 이파리에 윤기가 나고 열매도 탐스럽게 달린다. 해안이 가까운 과수원에서 자라는 귤이나 유자 등의 열매가 그렇고, 바닷가 근처의 밭에서 마늘이나 양파 등이 잘 자라는 것도 같은 이유이다. 또한, 1년에 두세 번 화초에 1회 구운 죽염을 물에 살짝 타서 뿌려주면 며칠 지나지 않아 검푸른 색을 띠면서 싱싱하게 보인다.

소금은 동식물뿐만 아니라 사람에게도 마찬가지이다. 몸속을 흐르는 피의 맛은 매우 짜다. 왜 피가 달지 않고 짤까? 피가 짠 것은 사람의 몸이 원래 염성을 지니고 있다는 뜻이다. 따라서 몸에 일정 염도를 유지하기 위해서는 항상 적당량의 소금을 섭취해야 한다.

그럼 우린 과연 몸이 필요로 하는 만큼의 소금을 섭취하고 있을까? 적당량의 소금이라는 것은 어느 정도를 말하는 것일까?

인류를 포함해서 지구상의 모든 생명체는 바다로부터 시작됐다고 한다. 150억 년 전에 바다에 녹아 있던 갖가지 화학물질이 태양광선과 합성해서 단백질이 만들어졌고, 여기서 생명체가 생겨났다는 것이다.

바닷물과 사람의 체액을 비교해 보면 정말 놀랍다. 바닷물과 체액의 나트륨과 칼륨 같은 주요 성분이 너무 똑같기 때문이다. 그래서 인체를 '내부의 바다'로 부르기도 하는 것이다.

바닷물의 염도는 2.8%로 매우 짜다. 이에 비해 사람의 체액은 염도가 0.9% 내외이다. 원래는 바닷물과 체액의 염도가 같았다고 하는데, 바닷물이 육지 안에 갇히면서 소금이 땅속에 파묻히고, 또 공업용으로 소금을 많이 사용하는 바람에 바닷물의 염도가 높아졌다는 이야기도 있다. 중요한 것은 이처럼 짜디짠 바닷물도 민물과 섞여서 고여 있으면 썩고 만다는 사실이다. 그렇다면 사람도 마찬가지 아닐까?

지금처럼 소금을 적게 먹어서 체액의 염도가 0.9% 이하로 떨어지면 몸속의 체액도 썩을지 모를 일이다. 체액이 썩는다는 것은 각종 균에 약해지고 독소가 생겨서 몸에 병이 드는 것과 같다. 실제로 짜디짠 바닷물 속에 사는 물고기는 암을 비롯한 각종 병에 걸리는 법이 없다. 하지만 싱거운 민물 속에 사는 물고기들은 병에 잘 걸린다.

이 같은 내용에서 중요한 사실을 발견할 수 있다. 소금은 생명체든 식품이든 썩지 않게 하는 방부제의 기능을 하고 있다는 것이다. 그렇다면 우리 몸의 체액이 짠 것도 몸을 썩지 않게 하려고 일정한 염도를 유지하고 있기 때문이 아닐까.

예전에는 음식을 모두 짜게 먹었다. 무, 배추 같은 채소도 짜게 절여서 오래 두고 먹었다. 생선, 젓갈은 말할 것도 없다. 떡만 하더라도 지금처럼 설탕을 듬뿍 넣어 만드는 것이 아니라 소금을 뿌려 간을 했다. 그래도 떡은 간간하면서도 달짝지근하고 맛이 있었다. 이렇게 짜게 먹었지만, 그때는 지금처럼 암이나 아토피 같은 무서운 병이 거의 없었다.

그런데 언제인가부터 의사와 식품영양학자들이 방송에 나와 짜게 먹으면 건강에 나쁘다며 가능한 한 싱겁게 먹으라고 말하기 시작했다. 그래서 사람들은 너도나도 음식을 싱겁게 먹는 것이다. 중요한 것은 이처럼 싱겁게 먹은 후부터 보지도 듣지도 못한 병들, 암이나 아토피 같은 이상한 병이 우후죽순 생기기 시작했다는 사실이다.

요즘 젊은 엄마들이 다 그렇듯이 정원이 엄마도 임신하고 나서 음식을 모두 싱겁게 먹었다. 열 달 동안 짠 음식은 철저히 피한 것이다. 그럼 이렇게 음식을 싱겁게 먹은 엄마의 몸은 어떻게 변했을까?

먼저 피를 비롯한 체액의 염도가 떨어진 것은 너무 당연하다. 혈관 속에서 짜고 건강한 피가 쉬지 않고 돌아야 하는데 피의 염도가 떨어지니 자연히 생기가 없어지고 각종 병에 약해질 수밖에 없다. 문제는 엄마의 체액이다.

정원이는 태아일 때 엄마의 배 속, 다시 말해 양수가 가득 찬 자궁 안에서 열 달 동안 둥둥 떠서 헤엄을 치며 살았다. 엄마의 자궁은 태아에게 또 다른 하나의 바다이다. 자궁 안에는 체액이 가득 차 있는데, 이 체액을 '양수'라고 부른다. 양수는 태아를 둘러싸고 있는 얇은 양막 안에 차 있는 액체로서 태아를 보호하는 역할을 한다. 태아는 이 양수 속에 떠서 자라는데, 양수의 성분은 바닷물의 성분과 비슷하며, 세균의 감염을 막을 뿐만 아니라 태아의 체온 조절을 돕는다. 태아가 태어나기 전에 양수 검사만 해도 태아의 염색체에 이상이 있는지, 세균에 감염되지 않았는지 등을 알 수 있다.

여기서 주목할 것은 양수의 성분이 바닷물의 성분과 같다는 점이다. 그런데 정원이 엄마가 짠 음식을 먹지 않고 싱거우면서 단것만 많이 먹었으니 양수의 성분이 어떻게 변했을까? 싱겁고 다디단 물로 변하는 것은 당연하지 않을까. 정원이는 태아일 때 짠 양수 속에서 열 달 동안 헤엄치며 살아야 하는데 싱겁고 다디단 양수 속에서 지낸 것이다. 엄마로부터 탯줄을 통해 받아먹는 영양분도 달고 싱거운 데다가 온갖 독소가 들어 있다. 피부와 항상 닿아 있는 자궁 속의 양수도 달고 싱거우니 태아의 몸은 과연 어땠을까?

요즘 태어나자마자 정원이처럼 아토피는 물론이고 소아 당뇨에 걸리는 아이가 많다. 자라나는 아이들의 당뇨도 무척 심각하다. 정말 기막힐 일이 아닌가. 하지만 이제 그 이유가 무엇인지 조금씩 짐작이 가기 시작했을 것이다. 이 글에서 보듯이 소금은 인체의 방부제로서 정말 중요한 역할을 한다.

소금을 적게 먹으면 무엇보다도 근육 자체에 힘이 생기지 않고 온몸에 무력증이 오게 된다. 큰창자와 작은창자도 잘 움직이지 않는다. 근육과 장이 무력해지면 저항력이 떨어져 세균에 약해지고, 몸 안에 독소가 생겨나 각종 병에 걸리기 쉽다.

그럼에도 불구하고, 이러한 소금의 중요성을 간과한 채 무조건 싱겁게 먹으라는 말을 맹목적으로 따르는 것은 정말 큰 문제이다.

소금에 대한 진실과 오해 ❶

Q 염분을 멀리하고 음식을 싱겁게 먹으면 어떻게 되나요?

A 피와 체액의 염도가 떨어져서 저항력이 약해지고 독소가 생겨 병이 드는 등 방부제 역할을 할 수 없어집니다. 또한, 피가 활기차게 돌지 못하고 근육에 힘이 없어져 무력증에 빠지며, 장이 잘 움직이지 않습니다. 임신부의 경우, 자궁의 양수가 적정 염도를 유지할 수 없어 태아의 건강을 지켜주지 못합니다.

Q 바닷물과 사람의 체액은 어떤 점이 닮았나요?

A 나트륨과 칼륨, 칼슘 등 주요 성분이 같고, 비슷한 염도의 짠맛을 지니고 있습니다. 그리고 민물이 들어가거나 싱거워지면 썩습니다.

Q 갓 태어난 아기나 어린아이가 소아 당뇨에 걸리는 이유는 무엇인가요?

A 엄마가 임신 중에 짠 음식을 멀리하면서 단 음식을 많이 먹었고, 태아가 탯줄을 통해 이 단 음식의 영양분을 받아먹었기 때문입니다. 또한, 엄마 체액의 염도가 낮아지고 단물로 변해버린 자궁 속에서 태아가 있었기 때문입니다. 태어난 후에도 빵이나 과자, 아이스크림 등 설탕이 많이 들어 있는 단 음식을 많이 먹었기 때문에 소아 당뇨에 걸리는 것입니다.

핵심 포인트

소금은 음식에 짠맛을 내게 할 뿐만 아니라 몸의 영양 균형을 유지해 주는 영양소이자 혈액과 체액의 적절한 염도 유지로 몸이 썩지 않게 만드는 방부제이다. 또한, 근육과 장을 활성화하고 혈류의 개선을 도와주는 촉매제로서 사람의 몸에 없어서는 안 될 정말 중요한 물질이다.

실제로 천일염 속에 든 풍부한 미네랄은 몸의 영양 균형을 유지해 주며, 평소 맥이 없고 근육무력증에 빠진 사람도 염분을 많이 섭취하면 힘이 생기면서 근육이 탱탱하게 된다.

병이 들거나 몸이 쇠약해진 사람이 병원으로 실려 가면 가장 먼저 놓는 주사액인 링거가 멸균 식염수, 즉 소금물이라는 것만 봐도 우리 몸에 염분이 얼마나 중요한 역할을 하는지 알 수 있다. 또한, 현대인들이 당뇨나 고혈압, 고지혈증 등 각종 심장과 혈관계 질환에 잘 걸리는 것은 소금을 적게 먹어 혈류 개선이 되지 않기 때문이다.

적당한 양의 염분은 장의 연동 작용을 활성화한다. 염분이 부족하면 장이 잘 움직이지 않으며, 그 결과 독소를 만들어 각종 병은 물론 얼굴 등에 뾰루지가 돋는 원인이 된다. 특히 장이 잘 움직이지 않으면 원활한 배설이 안 돼 필연적으로 변비 증상이 나타난다. 현재 우리나라 10대 여자 중고생과 20대 여성들의 변비는 심각한 실정으로 이 또한 염분을 적게 섭취하는 것과 무관하지 않다.

그런데 이런 변비 때문에, 혹은 장 청소를 한다며 소금물을 한꺼번에 많이 마시도록 권하는 사람들이 있다. 물론 소금물을 많이 마시면 누구나 설사를 콸콸하게 된다. 이는 장 속으로 들어온 과도한 염분의 삼투압 작용으로 몸 안의 수분을 급격히 빼앗아 가는 것을 막기 위해 우리 몸이 마치 독극물을 대하듯 설사를 통해 소금물을 체외로 내보내기 때문이다. 바다 수영을 하다가 잘못해서 바닷물을 많이 먹게 되면 구토가 일어나는 것과 같은 원리이다.
하지만 변비 해소나 장 청소를 하기 위해 소금물을 한꺼번에 많이 마시게 되면 신장이 붓고 망가질 수 있으므로 매우 위험하다.

결론적으로 사람이 건강하고 병에 걸리지 않으려면 몸에 필요한 염분을 꼭 먹어야 한다. 그럼에도 의사와 영양학자의 말만 듣고, 또 매스컴마다 짜게 먹으면 안 된다고 강조하는 바람에 하나같이 싱겁게 먹으려고 하는 것이 문제이다. 이 고정관념을 깨지 않으면 우리는 결코 건강을 지킬 수 없다.

몸에 나쁜 소금과 좋은 소금

_ 죽염을 왜 치료제라고 부를까?

"

"엄마, 알고 보니 우리 몸에서 소금의 역할이 매우 중요하네요."

"그렇지!"

"그런데 왜 의사 선생님들은 짜게 먹으면 안 좋다고 하는 거예요?"

엄마와 이야기를 나누던 정원이는 이 점을 이해할 수 없었습니다.

텔레비전에 나오는 의사, 한의사 선생님마다 음식을 가능하면 싱겁게 먹으라고 이야기할 뿐, 짜게 먹으면 좋다고 하는 선생님은 한 분도 보지 못했으니까요.

그러자 엄마가 말했습니다.

"정원아, 그분들은 병을 고치는 분들이지 소금을 연구하는 선생님들이 아니시잖니?"

듣고 보니 엄마의 말씀이 맞습니다. 그럼 왜 그분들은 소금 연구도 하지 않고 짜게 먹으면 안 된다고 하는 걸까요?

"정원아, 소금도 소금 나름이란다."

"네? 엄마, 소금에도 종류가 있어요?"

"그럼! 소금에는 좋은 소금과 나쁜 소금이 있단다. 좋은 소금은 많이 먹어도 괜찮지만, 나쁜 소금은 절대 먹으면 안 돼."

정원이는 갈수록 소금이 궁금해집니다. 그렇다면 좋은 소금은 어떤 것이고, 나쁜 소금은 어떤 것일까요?

"

우리나라는 물론 전 세계 의사와 식품학자들이 소금을 적게 먹으라고 한 것은 그리 오래되지 않았다. 지난 1981년 미국 식품의학회는 고혈압 증세가 있는 환자에게 염분을 섭취하게 했더니 혈압이 더 올라갔다는 내용을 발표했다. 그러자 미국 심장협회와 보건국은 이 발표를 토대로 자국민에게 소금을 많이 먹으면 몸에 해로우니 가능한 한 적게 먹으라고 권하기 시작했다.

이 같은 주장은 미국 보건당국의 '일반적인 입장'이 돼서 전 세계로 퍼져나갔다. 우리나라를 비롯해 전 세계 각 나라가 자국민에게 소금을 적게 먹어야 한다고 말하기 시작한 것도 바로 이때부터였다. 왜냐하면, 전 세계 보건당국과 의학계, 식품학계는 어떤 것이든 미국이 발표하는 내용을 기준으로 삼고 있었기 때문이다. 미국이 옳다고 하면 무조건 옳고, 미국이 틀렸다고 하면 무조건 틀린 것으로 받아들였는데, 물리나 과학 등 다른 분야에서도 마찬가지였다.

당시 이러한 주장은 전적으로 옳다고 할 수 없다. 실제로 미국에서도 염분을 많이 섭취하는 것은 혈압과 관계가 없다며 사람이 건강해지려면 반드시 적정량의 염분을 섭취해야 하고, 오히려 많이 섭취해야 한다고 주장하는 의사와 식품학자도 적지 않았다.

그럼에도 우리나라 의사와 식품학자들은 무조건 소금은 많이 먹으면 몸에 해로우니 적게 먹어야 한다는 말만 하고 있다. 이런 인식이 어느 틈엔가 국민의 머릿속에 깊이 각인돼 소금은 무조건 적게 먹어야 하는 것, 가능한 한 적게 섭취하는 것이라는 고정관념에 사로잡히고 만 것이다.

소금도 소금 나름이다. 미국 의학자들은 소금을 염화나트륨, 즉 'NaCl'이라는 단순한 화학적 구성물로만 보고 이야기한다. 그들이 말하는 소금은 100% 정제염으로서 바닷물 속에서 짠맛만 화학적으로 뽑아낸 소금이나 바위산에서 캐낸 암염을 말한다.

소금에는 4종류가 있다.

먼저 정제염精製鹽은 바닷물을 전기분해해서 이온수지 공법으로 얻어낸 순도 높은 염화나트륨 결정체를 말한다. 기계적인 공정을 거쳤기 때문에 기계염이라고도 하는데, 대량 생산이 가능하고 값이 싸서 식품회사들이 많이 이용하고 있다.

정제염은 불순물을 거의 제거했기 때문에 위생적이지만 인체에 꼭 필요한 미네랄 성분도 함께 제거돼 영양분이 없을 뿐만 아니라 오히려 몸에 해롭기만 한 소금이다. 정제염에 화학조미료인 MSG, 즉 글루탐산나트륨을 첨가한 소금이 맛소금으로 음식의 간을 맞추는 데 사용하는 바로 그 소금이다.

두 번째로 재제염再製鹽은 천일염을 깨끗한 물에 녹여 불순물을 제거하고 다시 가열해서 결정시킨 소금이다. 눈꽃 모양으로 생겨서 꽃소금이라고도 하는데 천일염보다 희고 입자가 작다. 보통 국산 천일염과 수입염을 2대 8의 비율로 섞어서 물에 녹여 가열한 후에 수분을 증발시켜 얻는 소금이다.

재제염은 미네랄을 보존하기 위해 자연여과를 하고 있지만, 중요한 것은 대부분의 수입염은 미네랄이 거의 없다는 점이다. 온갖 미생물이 풍부한 갯벌의 물을 염전에 가둬 만든 소금이 아니라 맑은 바닷물을 가둬 만들기 때문에 미네랄이 당연히 적을 수밖에 없다.

세 번째로 암염巖鹽은 아주 오래전에 땅의 이동으로 육지에 갇힌 바닷물이 그대로 증발하여 바위나 땅 위에 쌓여 있는 소금이다. 암염은 오랜 세월을 두고 수분이 증발하는 과정에서 미네랄 성분이 땅속으로 가라앉아 역시 미네랄이 없는 소금이다.

네 번째가 천일염天日鹽으로 갯벌을 다져 염전을 만들고, 각종 미생물이 무수히 살아 있는 바닷물을 가둔 후 증발시켜 만드는 소금이다. 천일염 속에는 미네랄이 약 10% 정도 들어 있는데, 이 미네랄이야말로 인체에 없어서는 안 될 필수 영양소이다.

각 소금의 모양과 색깔을 비교해 보면 정제염과 재제염, 암염은 새하얗고 입자가 작으며 곱다. 특히 정제염은 엄마들이 '고운 소금'이라고 부를 정도로 눈처럼 희고 깨끗하다. 반면, 천일염은 크기가 굵고 거칠다. 갯벌을 다진 염전에서 만들었기 때문에 불순물이 섞여 있기도 하다.

엄마들이 배추를 절일 때 사용하는 '굵은 소금'이 바로 천일염이다. 그런데 이 천일염에는 왜 미네랄이 가득할까?

조류에 따라 갯벌을 넘나드는 바닷물 속에는 무수히 많은 미생물이 살고 있다. 갯벌에 조개와 낙지, 게와 같은 어패류가 많이 서식하고 있는 것도 미생물과 플랑크톤이 풍부하기 때문이다.

바닷물을 염전에 가둔 후 햇볕에 의해 수분이 증발하기 시작하여 섭씨 26도가 되면 미생물들은 몸속에 들어 있는 미네랄을 다 토해 놓고 죽는다. 거기다 갯벌을 다져 만든 염전의 흙 속에도 미네랄이 풍부하다. 천일염을 토판염土板鹽으로 부르는 것도 이 때문이다.

결국, 천일염은 미생물들의 몸속에 있는 미네랄과 흙 속의 미네랄이 가득 들어 있어서 가장 좋다고 하는 것이다. 이 미네랄은 우리 몸의 생리 기능에 절대적으로 필요한 광물성 영양소로서, 미네랄이 부족할 때 몸의 생리 균형이 깨져 원인을 알 수 없는 각종 병에 걸리게 된다.

소금의 유해론을 주장한 미국에는 천일염이 아예 나지 않으며, 주로 암염과 정제염만을 먹고 있다. 이 소금은 단지 짠맛만 낼 뿐 미네랄이 전혀 없다.

이에 비해 우리나라는 세계 4대 갯벌로 꼽힐 만큼 서남해안에 걸쳐 넓고 큰 갯벌을 가지고 있다. 온갖 미생물이 풍부하고 해조류가 넘쳐나는 갯벌의 염전에서 만든 미네랄이 풍부한 천일염과 맑은 바닷물에서 화학적인 공법으로 짠맛만 뽑아낸 정제염을 어떻게 비교할 수 있을까.

하지만 언제부터인가 우리나라 정부에서는 이러한 천일염을 비위생적이라는 이유로 배추나 절이는 데만 사용하게 할 뿐 먹지 못하게 하고 정제염만 먹도록 했다. 사람들이 하나같이 희고 깨끗한 것, 위생적인 것만 찾다 보니 불순물이 섞여 지저분하다며 천일염을 식용으로 사용하지 못하게 한 것이다.

지금까지 우리가 먹었던 소금은 미네랄이 풍부한 천일염이 아니라 단지 짠맛만 내고 몸에는 백해무익한 정제염이었다. 이로 인해 서해안과 남해안의 그 많던 염전들은 하나둘씩 문을 닫기 시작했다.

일본은 한술 더 떠서 우리나라보다 훨씬 일찍 염전을 전부 없애버렸다. 일본 정부 역시 국민에게 천일염을 못 먹게 하니까 염전이 아예 살아남을 수 없었다. 따라서 일본 국민은 오로지 정제염만을 먹어왔다.

결과는 어떻게 됐을까? 정제염만 먹으면서부터 일본에서는 심각한 문제가 발생하기 시작했다. 자라나는 아이들이 제대로 발육과 성장이 안 되는 등 원인을 알 수 없는 병에 시달려 비상이 걸린 것이다.

한번 없앤 염전을 다시 되살리는 데에는 무려 수십 년의 세월이 걸린다. 이 때문에 일본에서는 정제염에 미네랄을 섞는 방법까지 연구하는 한편, 외국에서 천일염을 수입해 식용으로 사용하기 시작했다. 현재 일본에서는 우리나라 천일염이 최고의 인기를 끌고 있는데, 그 이유가 무엇인지 짐작이 갈 것이다. 우리나라도 뒤늦게야 천일염의 중요성을 깨닫고 지난 2007년에야 비로소 천일염을 식용으로 허용했다.

천일염의 힘은 정말 대단하다. 한 예로 김치를 담글 때 정제염을 사용하면 좀처럼 쉽게 발효되지 않지만, 천일염을 사용하면 금방 발효가 된다. 젓갈도 마찬가지이다. 이것은 무엇을 의미할까? 소금 속에 들어 있는 미네랄이 발효의 속도를 좌우한다는 이야기이다.

이렇게 좋은 천일염이라고 할지라도 모든 소금이 다 그렇듯이 몸에 해로운 성분이 있다. 그것은 단백질을 굳게 만드는 간수 성분이다.

간수란 소금에서 나오는 액체이다. 간수에는 염화마그네슘과 황산마그네슘, 염화칼륨, 염화나트륨 등이 포함돼 있어 단백질을 굳게 만드는 성질이 있다. 그래서 콩을 끓인 물에 간수를 넣으면 금방 응고돼 두부가 만들어지는 것이다.

문제는 이 성분이 혈관으로 들어가면 혈관 속의 단백질, 콜레스테롤을 굳게 만들어 혈관을 좁히거나 막히게 한다는 사실이다. 혈관이 막히면 당연히 고혈압이나 뇌졸중, 뇌경색, 협심증 같은 병이 생긴다. 미국 심장협회와 보건국이 소금을 적게 먹으라고 한 이유도 바로 이 때문이다.

하지만 이것도 걱정 없다. 슬기로운 우리 조상들은 천일염을 높은 열로 구우면 간수 성분이 기화돼 날아간다는 사실을 일찍부터 터득했다. 그 대표적인 예가 죽염이다.

죽염은 천일염을 3년 이상 자란 굵은 대나무 통 속에 넣고 입구를 황토로 막은 후 1,000도 이상의 고온에서 한 번, 두 번 심지어 아홉 번 구워 만든 소금이다. 죽염은 미네랄이 가득한 데다가 항산화력이 뛰어나며, 혈류 개선 효과가 탁월해 예로부터 신비의 영약으로 알려졌다.

일찍이 인산 김일훈 옹은 지리산 밑에서 죽염을 구워 불치병으로 고통받고 있는 사람들과 돈이 없어 병원에 가지 못하는 많은 사람의 병을 고친 것으로 유명하다. 이외에도 죽염의 뛰어난 효능을 아는 사람들이 전국 곳곳에서 남다른 사명감으로 앞다퉈 죽염을 만들어 보급해 왔다.

사실 죽염은 단순히 고온에서 구운 몸에 좋은 소금이 아니라 온갖 질병에 탁월한 효과를 지닌 치료제이다. 죽염의 강력한 항산화력은 인체에 생긴 활성산소와 과산화지질을 없애는 뛰어난 효능을 지니고 있기 때문이다.

일본 아이하라 박사의 산성 체질 이론에 따르면, 인체의 산화란 몸속에 노폐물과 독소가 점점 쌓여 신체 기능이 퇴화하는 현상을 말한다. 그리고 환원이란 면역이나 정화 작용을 통해서 몸속의 노폐물과 독소가 제거돼 신체 기능이 정상화되는 것을 뜻한다.

우리 주변에는 몸을 산화시키는 물질이 많아도 환원제는 극히 적은데, 죽염은 지구상에서 가장 환원력이 뛰어난 물질이다. 산화 환원 이론을 처음으로 식품에 접목해서 실험한 일본의 나카야마 교수는 죽염이야말로 과학자로서 얻을 수 있는 천재일우의 발견이라고 표현했을 정도이다.

인체는 pH7.4의 약알칼리성을 띠고 있다. 따라서 알칼리성 음식을 섭취하면 체내 효소와 항산화 물질의 활동을 돕기 때문에 음식의 분해와 소화, 흡수 능력이 높아지고 면역력과 저항력이 강해져 건강하게 된다. 즉, 알칼리성 물과 음식의 섭취는 몸속 오장육부의 기능을 원활하게 하는 것이다.

인간은 모유를 먹는 기간이 끝나고 이유식을 하면서부터 몸이 산성으로 기울어지기 시작한다. 각종 인스턴트 식품과 오염된 물, 잔류 농약이 든 과일과 채소, 각종 화학약품이 첨가된 음식은 물론 대기오염과 스트레스 등으로 인해서 인체 내에 과다하게 쌓인 산성 노폐물들을 소변이나 땀을 통해 제대로 배설하지 못하게 된다. 그러다 인체의 알칼리 조절 능력 기능이 원활하지 못하고 산성 노폐물들이 몸속에 축적되면서 인체 각 기관의 기능이 떨어져 각종 질병에 걸리게 되는 것이다.

이 같은 상태가 오래 계속되다 보면 산성 노폐물이 식습관이나 체질에 따라 몸의 가장 약한 부위에 집중하게 된다. 그동안 약알칼리성에서만 생존했던 세포들이 산성 환경에서도 살아남기 위해 여러 가지 질병을 일으키게 되는 것이다. 그러다 결국 몸이 더 산성 환경으로 기울면 인체의 세포들은 유전자 변형까지 일으켜가면서 산성 환경에서 살아남는 세포로 바뀌게 된다. 이것이 바로 암의 시작이다.

산성 노폐물이 췌장에 많이 쌓이면 당뇨의 원인이 되고, 혈관에 쌓이면 고혈압의 원인이 된다. 산성 노폐물은 이런 식으로 가장 약한 기관에서부터 많이 쌓여 간다. 암세포와 질병은 수술로 제거하거나 약물로 치료한다고 하더라도 체내 산성 환경이 회복되지 않으면 다시 발병할 수밖에 없다.

하지만 인체를 알칼리성으로 변화시키면, 산성 환경에서만 살 수 있게 된 암세포는 알칼리성 환경에서는 살 수 없으므로 저절로 사라지게 된다. 실제로 아토피나 암 같은 난치병이나 불치병 환자가 알칼리 환원수를 계속 마셨더니 병이 씻은 듯 사라지고 건강을 회복했다는 사례를 자주 볼 수 있다. 이것은 알칼리 환원수가 산성인 체질을 알칼리성으로 바꿔주기 때문이다.

또한, 아토피로 인해 피부가 가려울 때 산성 이온수를 발라주면 모공이 닫히면서 피부의 보습 작용을 도와주기 때문에 가려움증이 사라지기도 한다. 따라서 아토피 환자가 있는 가정이라면 알칼리 이온수기를 비치해 놓고 사용하는 것도 매우 유용하다.

우리 몸을 알칼리 체질로 바꾸는 것은 이처럼 중요하다. 그런데 놀랍게도 천일염은 pH8.8의 알칼리성을 띠고 있고, 1회 구운 죽염은 pH10.08 그리고 아홉 번 구운 죽염은 pH11 이상의 강력한 알칼리성을 띠고 있다.

미네랄이 풍부하고 혈류 개선 효과와 항산화력이 뛰어난 데다가 체액까지 알칼리성으로 바꿔주는 죽염은 단순히 몸에 좋은 소금이 아니다. 죽염은 병을 치료하는 약품, 그것도 만병통치약이라고 하는 말이 누구에게나 실감이 날 것이다.

죽염을 비롯한 구운 소금에는 인체에 해로운 다이옥신이 들어 있다고 걱정하는 사람도 있다. 실제로 지난 2002년 구운 소금에 다이옥신이 들어 있다며 소동이 난 적도 있다. 하지만 이것은 사실과 다르다. 다이옥신은 쌀과 고기, 생선 등 어느 먹거리에나 조금씩 다 들어 있으며, 심지어 아기가 먹는 엄마의 젖에도 들어 있다. 당시 포항공대에 의뢰해 조사한 결과, 죽염 속에 든 다이옥신은 다른 식품 속에 들어 있는 것처럼 아주 미미한 양이어서 인체에 전혀 해가 없는 것으로 나타났다.

죽염의 원료인 천일염에 들어 있는 비소의 독성도 문제가 전혀 없다. 한 국내 대학 연구 조사에 의하면 우리나라 서남해안에 있는 염전 433곳 가운데 비소가 안전 기준치 이상 나온 곳은 한 군데도 없다고 한다.

이제 소금에 대해 새로운 사실을 많이 알게 됐을 것이다. 앞으로는 정제염만 먹는 미국인들의 말만 듣고 소금을 멀리할 필요가 없으며 오히려 좋은 소금은 더 가깝게 해야 한다. 설탕처럼 다디단 식품은 먹으면 먹을수록 더 입맛이 당기지만, 소금은 어느 정도 먹으면 더는 먹고 싶지 않게 된다. 미국 사람들이 얼마나 짜게 먹는지 그들이 즐겨 먹는 햄버거나 감자튀김을 먹어 보면 금방 알 수 있다.

소금을 적게 먹게 하고, 천일염을 못 먹게 해서 미네랄 결핍증으로 자라나는 아이들을 병들게 하며, 각종 생활습관병을 만연하게 만든 사람들은 그 결과에 대해 어떻게 책임을 질 것인지 궁금할 따름이다.

소금에 대한 진실과 오해 ❷

Q 의사와 식품학자들이 소금을 적게 먹으라고 한 것에는 어떤 오해가 있나요?

A 미국에는 미네랄이 풍부한 천일염이 없어서 정제염이나 암염을 기준으로 소금을 많이 먹으면 해롭다고 한 것입니다. 이것을 천일염을 먹는 우리에게 그대로 적용하는 것은 옳지 않습니다. 또한, 그들은 인체의 방부제로써의 소금의 역할이 얼마나 중요한지 모릅니다. 오히려 소금을 많이 먹어야 건강에 좋다고 주장하는 미국 학자도 많습니다. 소금을 많이 먹으면 순간 혈압이 올라가지만 결국 혈류 개선은 소금의 힘 없이는 안 됩니다.

Q 천일염은 정제염에 비해 어떤 점이 좋은가요?

A 천일염은 갯벌을 다져 만든 염전에서 바닷물을 증발시켜 생산하지만, 정제염은 바닷물에서 화학적인 방법으로 짠맛만 뽑아낸 소금입니다. 또한, 천일염에는 필수 영양분인 미네랄이 가득해서 인체의 영양 균형을 유지시켜주는 데

비해, 정제염은 미네랄이 전혀 없어서 원인 모를 각종 병에 걸리게 하는 원인이 됩니다. 무엇보다 천일염은 간수 성분을 제거해서 먹으면 피를 맑게 하고 혈관을 튼튼하게 만들지만, 정제염은 혈관을 굳게 만들어서 고혈압과 뇌졸중, 심장병 등의 원인이 됩니다.

Q 죽염은 어떤 효과가 있나요?

A 인체의 필수 영양소인 미네랄이 풍부하고, 항산화력이 뛰어나 체질을 건강하게 만듭니다. 아울러 혈류 개선 효과가 탁월해 피를 맑게 만듭니다.

핵심 포인트

사람들은 대체로 언론에서 보도하는 내용이라면 무조건 맹신하는 경향이 있다. 대표적인 예가 소금이다. 의사와 식품학자들은 소금을 가능한 한 적게 먹으라고 한다. 하지만 왜 적게 먹어야 하는지, 무슨 근거로 그렇게 말하는지 그 이유를 모르면서 미국의 일반적인 입장만을 추종하고 있는 것이 문제이다.

미국에서도 소금 유해론에 맞서 소금을 많이 먹어야 건강에 좋다고 주장하는 의학자가 많다. 하지만 우리나라는 비제도권인 자연 의학자들만 소금의 중요성을 역설할 뿐 이에 대해 제대로 연구하는 의학자나 영양학자가 거의 없다시피 하다. 자연건강법으로 건강이 회복된 의사와 영양학자, 언론 종사자 들도 소금의 중요성을 인정하면서도 대외적으로는 그 사실을 인정하려고 하지 않는다.

물론 사람마다 체질이 각각 달라서 소금을 적게 먹으면서도 건강한 사람이 있고, 많이 먹어도 건강한 사람이 있다. 그러나 분명한 것은 짜게 먹어서 건강에 문제가 있는 사람보다 싱겁게 먹어서 건강에 문제가 있는 사람이 훨씬 더 많다는 사실이다.

평소 짠 음식이라면 지나칠 만큼 피하는 20대 중반의 여성이 있다. 그녀는 젊은 나이에도 불구하고 가슴에 암이 생겨 수술을 했는데 얼마 안 있어 신장에 또 암이 발생했다. 이처럼 암이 전이 되는 이유는 피의 염도가 낮고 혈류 개선이 안 되는 등 암세포가 살기 좋은 체내 환경을 갖고 있기 때문이다.

소금을 많이 먹는 것에 대해 무조건 나쁘다고 할 것이 아니라 먼저 그 소금이 어떤 소금인지, 또 소금이 어떤 역할을 하는지 정확히 아는 것이 중요하다. 이 같은 내용을 정확히 깨닫는다면 무조건 소금을 기피하지는 않을 것이다. 그리고 자신이 날마다 먹고 있는 소금이 나쁜 소금이라면 하루빨리 바꿔야 한다.

죽염의 놀랍고도 신기한 효능

_ 죽염을 먹은 아이들은 왜 식습관이 달라졌을까?

"

"정원 엄마, 정원이는 어쩜 저렇게 날씬해? 우리 아이는 너무 뚱뚱해서 걱정이야. 뭐든 자꾸만 먹으려고만 하니 나 참."

"그래? 그럼 죽염을 한번 먹여 봐."

"죽염을?"

"응. 죽염을 먹으면 밥이나 고기가 많이 먹히지 않아. 군살도 빠져."

"어머머. 정말이야?"

"그렇다니까!"

"신기하네. 왜 그렇지?"

엄마 친구가 놀러 와서 대화를 나누다가 깜짝 놀랍니다.

"죽염에 든 미네랄 때문이래. 죽염을 먹으면 정말 배가 안 고프다니까."

"설마?"

과연 정말 그럴까요? 죽염을 먹으면 밥이나 고기가 많이 먹히지 않고, 또 뚱보 아이들의 군살이 빠질까요?

한 초등학교 선생님이 자연건강법 교육을 받은 후 소금의 중요성을 누구보다 절실히 깨달았다. 그래서 자신이 담당하고 있는 반의 아이들에게 소금의 중요성을 가르쳐주기로 했다.

선생님은 먼저 죽염을 준비하고 나서 아이들에게 죽염을 먹어도 좋은지 부모님의 허락을 받아오도록 했다. 혹시 허락 없이 죽염을 먹였다가 나중에 항의가 들어오면 안 되기 때문이었다. 다행히 죽염이 몸에 좋다는 것을 알고 있는 학부모 모두가 허락했다.

선생님은 학부모에게 허락을 받자마자 24명의 학생에게 죽염을 먹이기 시작했다. 먼저 아침 자습시간에 죽염을 먹게 한 후, 첫째 시간이 끝나면 물을 많이 마시게 했다. 이어 둘째 시간이 끝나면 다시 죽염을 먹게 한 후, 셋째 시간이 끝나면 물을 마시게 하는 방법으로 오전에 세 번씩 죽염을 먹도록 한 것이다.

일주일이 지나자 아이들의 식습관에 큰 변화가 일어나기 시작했다. 점심 급식 시간에 아이들이 가장 좋아하는 돼지고기볶음이 나왔지만, 아이들은 속이 울렁거리고 토할 것 같다면서 돼지고기를 먹지 않았다. 또한, 그 전에 밥을 많이 먹던 몸집이 큰 아이들도 밥을 적게 먹었고, 한 달이 지나자 22명이 고기를 전혀 먹지 않았다고 한다. 학교 전체에서 급식할 때 고기를 그대로 남긴 반은 이 선생님 학급뿐이었다.

그렇다면 아이들은 왜 이렇게 고기를 먹지 않고 또 밥을 적게 먹었을까? 그것은 평소 먹지 않았던 죽염을 많이 먹어서 몸이 요구하는 미네랄이 골고루 채워졌기 때문이다.

사람이 살아가는 데 꼭 필요한 영양소가 있다. 먼저 3대 영양소는 탄수화물, 지방 그리고 단백질로서 이 세 가지 영양소가 우리 몸의 뼈와 살, 골격을 만들고 인체 활동에 필요한 영양분을 제공한다.

또한, 비타민은 비록 적은 양이지만 몸의 물질대사나 생리 기능을 조절하는 막중한 역할을 담당한다. 비타민이 충분해야 몸이 활기를 띠기 때문에 채소나 과일을 많이 먹어야 하는 것이다.

더불어 중요한 것이 미네랄이다. 미네랄은 광석 속에 들어 있는 나트륨과 칼슘, 인, 마그네슘, 칼륨, 유황, 염소와 같은 성분이다. 종류가 무려 70여 가지나 되는데, 인체에 꼭 필요한 미네랄은 대략 20여 종류로 알려져 있다.

미네랄이 체중에서 차지하는 비중은 4%에서 5% 정도밖에 되지 않지만, 인간의 정신적, 육체적 기능의 필수 요소인 수분의 양을 섬세하게 조절하는 역할을 담당한다. 또한, 혈액과 조직 내에서 산도와 알칼리도의 조절을 통해 필요한 영양소들이 혈액으로 유입되게 만들고, 화학물질들이 세포벽을 왕래할 수 있도록 항체 생성을 도와준다. 비타민처럼 생체 내의 여러 가지 생화학반응에 효소로 작용해서 신경의 전달과 근육의 움직임, 소화, 음식 속에 있는 미네랄의 대사 등에 관계하며 호르몬의 생성에도 이용되고 있다. 미네랄이 무엇보다 더 중요한 것은 몸 안에서 단독으로 활동하는 것이 아니라 다른 성분과 어울려서 활동한다는 점이다. 미네랄은 비타민과도 협조가 잘 된다.

미네랄에 관해 정말 놀라운 사실이 있다. 인체가 필요로 하는 20여 가지의 미네랄 중 단 한 가지의 미네랄만 부족해도 우리 몸은 질병에 걸릴 수 있다는 점이다. 그래서 우리가 먹는 음식물 속에 어떤 미네랄이 있고, 어떤 미네랄이 부족한지 반드시 점검해야 한다. 이 정도면 미네랄의 역할이 얼마나 막중한지 이해가 될 것이다.

아이들이 죽염을 먹기 시작하면서부터 밥을 적게 먹고 고기도 먹지 않은 것은 죽염 속에 든 풍부한 미네랄을 섭취했기 때문이다. 사람이 배가 고프다고 하는 것은 인체에 필요한 영양소가 부족하니까 어서 채워달라고 뇌가 보내는 신호이다. 단지 위가 비었다는 이유로 채워달라고 요구하는 것이 아니다.

이때 밥이나 빵, 고기, 채소를 먹어서 위로 보내주면 몸은 그 음식물 속에 들어 있는 각각의 필요한 영양소를 취하게 된다. 이렇게 해서 필요한 영양소를 얻으면 배가 고프지 않게 되는 것이다.

하지만 아무리 많은 음식을 먹어도 몸이 필요로 하는 갖가지 영양소가 골고루 채워지지 않고, 한두 가지만 부족해도 뇌는 금방 또 음식을 먹도록 요구한다.

예를 들어 밥과 김치만 먹는 사람은 아무리 밥과 김치를 많이 먹어도 금방 배가 고파진다. 그 이유는 밥과 김치 등 한두 가지 음식은 아무리 많이 먹어도 몸이 필요로 하는 영양소가 골고루 들어 있지 않으므로 뇌가 만족하지 못하고 부족한 영양소가 들어올 때까지 계속 먹으라는 신호를 보내기 때문이다. 이렇게 되면 결국 식충이가 되고, 몸에는 쓸모없는 지방만 늘어나 뚱보가 된다.

만약 밥과 김치만 먹는 사람이 고기를 함께 먹고, 또 고기를 좋아하는 사람이 채소를 함께 충분히 먹는다면 금방 배가 고프지 않을 것이다. 그래서 음식을 골고루 먹는 것이 중요하다.

정말 흥미로운 점은 죽염과 생수만 먹고 10일 정도 그 외 아무것도 먹지 않아도 배가 전혀 고픈 줄 모른다는 것이다. 실제로 필자는 1년에 한두 번씩 열흘 단식을 하고 있는데, 단식할 때는 죽염과 함께 비타민C를 보충하기 위한 감잎차와 생수만 마셔도 전혀 배가 고프다는 것을 느끼지 못한다. 그리고 평소처럼 일하고 활동을 하는 데도 전혀 지장이 없다.

또한, 죽염을 먹으면 군살이 저절로 빠진다. 그 이유는 몸이 필요로 하는 영양소인 미네랄이 충분히 채워지므로 음식에 대한 생각이 없어져 뭐든 많이 먹히지 않기 때문이다. 특히 죽염을 많이 먹으면 단것이 싫어진다. 소금에는 몸 안의 당분을 밀어내는 힘이 있어서 단것이 입에 당기지 않는 것이다.

그래서 학교에서 날마다 죽염을 먹은 아이들은 수입 밀가루로 만든 과자나 빵, 우유로 만든 다디단 아이스크림도 잘 먹지 않는다. 대신 집에서 간식으로 볶은 콩과 삶은 고구마를 가져와 먹는다. 이것은 선생님이 먹어서는 안 될 다섯 가지 식품, 즉 흰쌀과 수입 밀가루, 정제염, 정제당, 화학조미료가 왜 나쁜지 가르쳐 주었기 때문이다.

더 놀라운 것은 날마다 선생님에게 죽염을 받아먹은 아이들은 웬만하면 양호실도 가지 않을 정도로 건강해졌다는 점이다. 왜 아이들이 건강해졌는지는 더 이야기 안 해도 짐작할 수 있을 것이다.

이 객관적인 사실을 통해 소금의 역할이 왜 중요하며, 또 왜 정제염을 버리고 천일염, 구운 소금과 죽염을 먹어야 하는지 모두가 인식을 새롭게 해야 한다.

소금에 대한 진실과 오해 ❸

Q 천일염 속에 많이 들어 있는 미네랄은 어떤 영양소인가요?

A 광물성 영양소로서 모든 생명체는 미네랄이 꼭 필요합니다. 미네랄은 우리 몸의 정신적, 생리적 기능을 지배하는 매우 중요한 물질이며, 인체가 필요로 하는 20여 가지 미네랄 중에서 한두 가지만 부족해도 병에 걸리게 됩니다.

Q 죽염과 식습관은 어떤 관계가 있나요?

A 죽염에는 미네랄이 풍부하므로 밥이나 고기를 적게 먹게 됩니다. 음식을 적게 먹어서 군살이 빠지고, 몸 안의 당분을 밀어내기 때문에 단것을 싫어하게 만듭니다.

Q 우리가 먹어서 안 될 다섯 가지 식품은 무엇인가요?

A 흰쌀, 수입 밀가루, 정제염, 정제당, 화학조미료입니다.

핵심 포인트

인체의 필수 영양소인 미네랄이 무엇이며 왜 중요한지 모르는 사람이 아직도 많다. 아이들에게 막연히 음식을 골고루 먹어야 한다고 강조하지만 정작 그 이유를 구체적으로 가르쳐주는 사람도 많지 않다.

우리 인체는 몸을 건강하게 만들고 활발하게 활동하기 위해 다양한 영양소가 필요하며, 이 영양소는 음식을 통해 몸 안으로 공급된다. 하지만 서구화되고 잘못된 식습관으로 인해 편식하는 아이들이 늘고 있고, 어른 또한 예외가 아니다.

이 같은 편식과 정제염의 사용으로 현대인들은 심각한 미네랄 부족 현상에 시달리고 있다. 미네랄의 부족으로 인해 각종 병에 걸리는 사람도 늘고 있다. 이렇게 부족한 미네랄을 채워주는 것이 바로 천일염이며, 더 안전한 천일염이 구운 소금과 죽염이다.

항상 죽염을 먹으며 자연건강법을 실천하는 사람들은 대부분 소식을 하고 밥도 하루 한 끼나 두 끼밖에 먹지 않는다. 필자 역시 2004년부터 계속 아침을 먹지 않고 하루 한 끼, 혹은 두 끼 식사를 실천하고 있지만, 건강에는 아무 이상이 없다. 죽염은 부족한 미네랄의 보충뿐만 아니라 잘못된 식습관까지 고쳐준다.

그런가 하면 천일염 대신 인체에 필요한 미네랄을 보충할 수 있는 식품으로서 '함초'가 있다. 예로부터 약용으로 널리 쓰인 함초는 갯벌에서 바닷물, 다시 말해 염분을 먹고 자라는 식물이다. 각종 오염물질이 들어오는 바다가 항상 깨끗한 것은 바닷속의 청소부인 효소 때문이다. 바닷물 1톤에는 1그램의 효소가 들어 있는데, 함초는 이 귀중한 효소를 다량으로 농축하고 있다.

함초는 70여 종이나 되는 미네랄을 함유하고 있을 뿐만 아니라 효소와 식이섬유가 풍부해서 암을 비롯해 신진대사 장애를 앓고 있는 사람에게 더없이 좋은 식품이다. 특히 간수 성분이 없어서 단식을 할 때 죽염 대신 함초를 먹기도 한다.

함초는 염분과 미네랄 섭취 외에도 장의 기능을 활성화하는 뛰어난 효능이 있다.

제 3 장

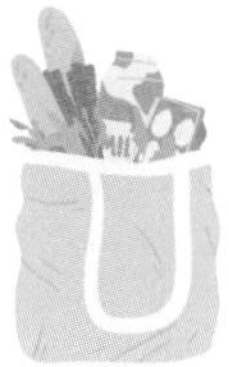

사람의 몸과 영혼을 공격하는 먹거리

입맛에 맞춘 음식, 몸이 원하는 음식

_ 밖에서 사 먹는 음식은 정말 문제가 많은 것일까?

“

"엄마, 저도 엄마 아빠랑 함께 밖에 나가서 외식하고 싶어요. 한 번만 데려가 주시면 안 돼요?"

정원이는 친구들이 엄마 아빠와 맛있는 식당에 가서 외식하는 것이 너무 부럽기만 합니다. 하지만 엄마의 대답은 항상 똑같습니다.

"안 돼."

"왜요?"

"밖에 나가면 전부 먹지 말아야 할 다섯 가지 재료로 만든 음식뿐이라 먹을 것이 없잖아."

처음에 정원이는 엄마 말씀이 이해가 되지 않았습니다. 밖에 나가면 먹을 것이 가득한데 엄마는 먹을 것이 없다고 하니까요. 엄마는 마트에서 과자도 못 사 먹게 합니다.

"정원아, 과자는 대부분 수입 밀가루에 해로운 우유, 정제당, 정제염으로 만든 거야. 너 이런 재료가 얼마나 나쁜 것인지 알지?"

"네."

"밖에서 사 먹는 음식도 마찬가지야. 고기도 고기지만 하얀 쌀밥에 반찬마다 흰 소금을 치고 설탕과 화학조미료 범벅이잖니? 그러니 어떻게 믿고 먹을 수 있겠니?"

정원이는 말문이 막힙니다. 엄마 말씀이 하나도 틀리지 않기 때문입니다. 그래서 엄마는 거의 모든 음식을 집에서 만들어 정원이에게 먹입니다. 밥은 현미로 짓고, 흰 소금이나 설탕, 수입 밀가루, 화학조미료는 일절 사용하지 않습니다.

"특히 너처럼 아토피를 앓는 아이일수록 먹어서는 안 될 다섯 가지 재료로 만든 음식을 밖에서 함부로 사 먹으면 절대로 안 돼."

정원이는 엄마 아빠와 밖에서 외식하는 아이들이 부럽긴 하지만 조르는 것을 포기합니다.

정말 우리가 밖에서 사 먹는 음식들은 다 그렇게 문제가 많은 것일까요?

"

결론적으로 말해서 그렇다. 제과업체나 식품 가공업체, 식당을 운영하는 사람들에게는 미안하지만, 우리 아이들이 밖에서 과자나 가공식품을 사 먹으면 안 된다. 그 이유는 안심하고 먹을 수 있는 것이 없기 때문이다.

과자나 빵만 하더라도 거의 수입 밀가루로 만들고 있다. 빵을 만드는 과정을 보면 영양가가 하나도 없고 몸에 해로운 설탕을 들이붓다시피 한다. 왜 이렇게 빵을 달게 만드는 것일까? 소금도 두말할 것도 없이 정제염이다. 여기에 들어가는 우유도 믿을 수 없다는 것을 잘 알 것이다. 이러니 어떻게 믿고 빵이나 과자를 사 먹을 수 있겠는가.

마트에서 파는 된장과 고추장 같은 장류도 마찬가지이다. 하나같이 정제염으로 만든 데다가 방부제가 들어 있는 제품이 많다.

장에다가 메주를 띄어서 만든 재래식 된장과 고추장은 용기의 뚜껑을 열어 놓으면 얼마 안 가서 하얗게 곰팡이가 핀다. 하지만 방부제가 든 된장과 고추장은 좀처럼 곰팡이가 피지 않는다. 된장과 고추장은 1년 이상 오랜 시간을 두고 제대로 발효와 숙성 과정을 거쳐야 한다. 하지만 시중에서 파는 된장이나 고추장은 화학적인 공법으로 속성 발효를 시켜버린다. 그래야 대량으로 빨리 만들 수 있기 때문이다. 그래서 시골에서 재래식으로 담근 된장과 고추장을 구매하여 사용하는 사람이 늘어나는 것이다.

식당에서 파는 음식은 어떠한가? 단맛에 길들여진 사람들의 입맛 때문인지 반찬만 하더라도 너무 달다. 설탕과 조미료가 그만큼 많이 들어 있기 때문이다.

음식이란 간간하고 짭짤해야 하는데 새콤달콤하고 자극적이다. 사람들이 이런 입맛에 익숙해져서 요구하니까 음식점에서도 그렇게 만들 수밖에 없다. 물론 모든 음식점이 그렇다는 것은 아니다. 하지만 어떤 재료를 사용해야 사람들의 건강에 좋은지를 생각하지 않고 음식을 만드는 식당이 많다.

음식은 사람의 몸과 건강을 만드는 것이므로 책임감과 사명감으로 만들어야 하는 것은 당연하다. 하지만 단지 사람들이 원하는 '입맛'에만 맞춰 설탕과 화학조미료를 가득 넣고, 또 이익을 생각해서 값싼 재료를 사용하는 것이 문제이다.

이제는 과자류나 가공식품을 만들어 파는 사람들은 물론 음식점을 운영하는 사람들도 어떤 재료가 몸에 좋고 나쁜지를 정확히 알고 만들어야 한다. 값이 조금 더 비싸더라도 좋은 재료를 써서 믿고 안심할 수 있는 먹거리, 사람의 몸에 좋은 먹거리를 만들어 팔아야 한다.

좋은 재료, 비싼 재료를 사용하기 때문에 가격을 다소 올려 받는다 해도 소비자는 충분히 이해할 것이다.

음식에 대한 진실과 오해

Q 식당에서 파는 음식이 좋지 않은 이유는 무엇인가요?

A 먹어서는 안 될 다섯 가지 재료를 사용해서 만든 음식이 많습니다. 모든 음식점이 그렇지는 않지만 먹는 사람의 건강을 생각하지 않고 입맛만 생각합니

다. 아울러 이익을 생각할 수밖에 없으니 값싼 재료를 사용합니다.

Q 마트에서 파는 된장과 고추장에는 무슨 문제가 있나요?

A 유통 기간 동안 변질되는 것을 막기 위해 방부제를 넣기도 하며, 하나같이 정제염을 사용해서 만듭니다. 그리고 오랫동안 숙성시키지 않고 화학적 공법으로 빨리 발효시킵니다.

Q 음식을 만드는 사람은 어떤 마음가짐을 가져야 하나요?

A 먼저 어떤 재료가 사람의 건강에 좋은지 생각하고 만들어야 합니다. 음식은 사람의 몸과 건강을 만드는 것이므로 책임감과 사명감을 가져야 하며, 가격을 다소 비싸게 받더라도 반드시 건강한 재료를 사용해야 합니다.

핵심 포인트

우리는 먹거리 불신 시대를 살고 있다. 그만큼 시중에서 파는 먹거리는 어느 것 하나 안심하고 사 먹을 수 없다. 따라서 아이들은 물론 성인도 지금 우리가 먹고 있는 먹거리에 대해 올바로 알아야 하며, 아무 먹거리나 사 먹으면 안 된다. 오늘 먹는 음식이 내 몸을 만들며, 그 음식에 내 건강이 달려 있기 때문이다.

중요한 것은 소비자가 바뀌어야 생산자가 바뀐다는 사실이다. 먹거리를 사 먹는 사람들의 생각이 바뀌면 먹거리를 만드는 사람들도 거기에 맞춰서 자연히 건강한 먹거리를 만들 수밖에 없다. 소비자에게 외면받는 먹거리는 발붙일 곳이 없어져 자연히 시장에서 퇴출을 당하기 마련이다.

시중에 먹어서는 안 될 다섯 가지 재료로 만든 식품이 범람하게 된 잘못은 소비자에게 있다. 아무 생각 없이 불량식품을 마구 사 먹으니까 만드는 사람 역시 아무런 생각이나 죄의식 없이 단지 돈을 벌기 위해 계속 만드는 것이다. 그러는 사이에 우리의 몸은 서서히 병들어 가고 있다.

따라서 먹어서는 안 될 다섯 가지 재료가 무엇이며 왜 나쁜지, 어떤 음식이 몸에 좋고 어떤 음식이 몸에 안 좋은지 먹거리에 대해 정확히 알아야 한다.

그리고 이것을 가정에서는 자녀에게, 학교에서는 학생에게 자주 반복해서 가르쳐야 한다. 가정과 학교에서 아이들과 이 문제에 대해서 진지하게 토론을 하는 것도 좋다. 이것이 우리 모두의 건강을 지키는 길이다.

우리 몸을 망치는 수입 밀가루

_ 수입 밀가루는 우리 몸에 왜 좋지 않을까?

"

집안에 고소한 냄새가 가득합니다. 엄마가 집에서 맛있는 과자를 만들고 있기 때문입니다.

"어때? 맛있니?"

"정말 맛있어요."

과자가 바삭바삭 입안에서 절로 녹습니다. 엄마 솜씨는 정말 따라올 사람이 없습니다.

엄마는 수입 밀가루를 전혀 쓰지 않고 우리 밀가루와 통밀가루를 사용해 과자를 만듭니다. 통밀가루는 우리 밀을 껍질 채 빻은 것으로 영양분이 무척 풍부합니다. 사실 쌀이나 밀, 채소, 과일 등은 껍질에 영양분이 많습니다.

엄마는 과자에 들어가는 달걀도 꼭 유정란만 사용합니다.

무정란은 양계장에 갇힌 채 운동도 제대로 하지 못하고 방부제와 항생제, 호르몬제가 든 사료를 먹으며 밤낮없이 불 켜진 상태에서 암탉이 낳은 알입니다.

반면 유정란은 넓은 닭장 안에 풀어 놓고 키우면서 암탉과 수탉이 사랑을 나누다가 낳은 알을 병아리로 부화시키는 생명력 있는 달걀입니다. 영양학자들은 무정란과 유정란이 영양의 차이가 없다고 말하지만 어떻게 차이가 없을 수 있을까요?

또 엄마는 집에서 담근 매실 효소와 조청으로 단맛을, 천일염으로 만든 구운 소금으로 짠맛을 냅니다.

정원이가 아토피를 앓고 있어서 엄마는 이처럼 먹거리에 많은 신경을 써서 직접 만들어주는 것입니다.

"엄마, 이렇게 우리 밀가루로 과자나 빵을 만들어 먹으면 방부제 걱정을 할 필요가 없죠?"

"당연하지!"

"그런데 우리 밀가루는 수입 밀가루보다 더 비싸지 않나요?"

"물론 비싸단다. 하지만 가족이 외식 한 번 하면 몇 만 원이 들잖니. 우리 가족은 외식을 잘 안 하니까 그 돈에 비하면 전혀 비싸지 않단다."

엄마 말씀이 맞습니다. 요즘 외식 한 번 하면 몇만 원 나가는 것은 금방입니다. 그런데도 수입 밀가루보다 우리 밀가루가 좀 비싸다고 따지는 것은 정말 하나는 알고 둘은 모르는 일입니다. 외식비 한 번만 아껴도 해로운 수입 밀가루를 우리 밀가루로 바꾸고 가족의 건강을 지킬 수 있습니다.

그럼 먹어서는 안 될 다섯 가지 재료의 하나인 수입 밀가루가 왜 나쁜지, 수입 밀가루로 만든 빵이나 과자, 케이크, 라면, 국수 같은 가공식품을 왜 먹어서는 안 되는지 알아봅시다.

”

예전에는 우리나라에서 쌀농사, 보리농사 다음으로 많이 지은 것이 밀농사였다. 여름철이 되면 농촌에서는 밀을 수확해서 타작해 햇볕에 말린 후 방앗간으로 가져가서 곱게 빻아 밀가루를 만들었다. 우리 밀가루는 대부분 동네 방앗간에서 빻았기 때문에 지금의 대형 제분소에서 빻는 수입 밀가루처럼 희고 곱지 않았다.

우린 이 밀가루로 죽을 쒀서 먹고, 부침개도 만들어 먹었으며, 국수를 뽑아 먹기도 했다. 이 시절만 해도 모든 먹거리가 참 건강했고 사람들은 큰 병을 모르고 살았다.

그런데 언제부터인가 미국에서 값싼 밀가루가 대량으로 수입되기 시작했다. 잘 알다시피 땅덩어리가 엄청나게 넓은 나라답게 미국의 밀밭은 끝이 보이지 않을 정도로 광활하다. 밀밭이 넓어서 미국 농부들은 파종도 기계로 하고 농약도 비행기로 살포한다. 이렇게 기계를 이용해 대량으로 밀농사를 짓다 보니 가격도 자연히 쌀 수밖에 없다.

값싼 미국 밀가루가 본격적으로 수입되자 우리나라 농민들은 하루아침에 다들 밀농사를 포기하고 말았다. 애써 밀농사를 짓는 것보다 수입 밀가루를 사서 먹는 것이 훨씬 경제적이기 때문이다.

밀가루는 원래 전분이 풍부한 영양 만점의 좋은 식품이다. 하지만 이것은 미국의 가정이나 식당에서 미국인들이 먹고 있는 밀가루의 이야기일 뿐이다. 똑같이 미국에서 생산된 밀가루지만 우리가 먹고 있는 수입 밀가루는 미국인들이 먹고 있는 밀가루와는 다르다.

어떤 곡류를 막론하고 오래 보관하게 되면 벌레가 생기고 썩기 마련이다. 미국 밀가루가 수입돼 우리나라 소비자의 손에 들어오기까지 짧게는 1년에서 길게는 2년까지 걸린다고 한다. 미국 농가에서 수확한 밀은 집하장으로 옮겨진 후 알곡 채로 부두에서 배에 실리거나 공장에서 밀가루로 도정된 후 배에 실려 수입된다.

그리고 습하고 더운 기후를 견디면서 바다를 건너게 된다. 이 과정에서 벌레와 곰팡이가 생겨 썩는 것을 방지하기 위해 우리나라에서 사용이 금지된 DDT와 파라티온, 메칠, 클로르피리포스 등의 맹독성 살균제와 살충제, 방부제를 섞지 않을 수 없다.

이처럼 머나먼 미국 현지에서 생산돼 우리나라에 도착해 유통되기까지 기나긴 시간 동안 수입 밀가루가 부패하지 않고 버틸 수 있는 것은 오직 살균제와 방부제의 힘뿐인 것이다.

그렇다면 방부제라는 것은 어떤 물질일까? 백과사전에는 유기 미생물 등 세균류의 성장을 억제하거나 방지하기 위해 식품에 첨가하는 화학물질로 나와 있다. 방부제는 수입 밀가루는 물론 치즈와 초콜릿, 음료수, 고추장, 된장, 자장면, 마가린, 빵, 어육, 단무지, 케첩, 발효유, 유산균, 오이지, 햄, 간장 등 거의 모든 가공식품에 들어간다.

사람이 방부제가 든 식품을 먹게 되면 어떻게 될까? 중추신경 마비와 출혈성 위염을 유발하고 간이 손상된다. 또한, 암에 걸리기 쉽고 염색체 이상과 눈, 피부 점막의 자극 등 각종 위험한 병에 노출되는 것으로 알려져 있다.

시중에서 판매되고 있는 빵 포장지에 방부제를 넣지 않았다는 표기를 볼 수 있다. 물론 빵을 만들면서 방부제를 넣는 비양심적인 사람은 없을 것이다. 하지만 그 빵의 원재료가 이미 방부제투성이인 수입 밀가루이므로 제품의 생산 과정에서 '방부제를 넣지 않았다.'라는 표기는 전혀 의미가 없다.

수입 밀가루에 넣는 방부제의 양은 상상을 초월한다. 수입 밀가루를 가는 체로 쳐 보면 방부제 덩어리가 걸러질 정도이며, 실제로 체를 이용해서 수입 밀가루를 사용하는 사람들도 있다.

우리 밀가루와 수입 밀가루를 유리병에 넣고 쌀이나 밀가루를 좋아하는 벌레인 바구미를 넣어 보면, 수입 밀가루 속에 넣은 바구미는 얼마 못 가서 죽고 만다. 바로 방부제와 살충제 때문이다. 하지만 우리 밀가루를 넣은 유리병 속의 바구미는 죽지 않고 이리저리 통로를 뚫어가며 평화롭게 사는 모습을 볼 수 있다.

또한, 배추나 무 등 채소의 새싹에 수입 밀가루를 뿌리면 해충이 달려들지 않는다.

이뿐만이 아니다. 쥐들이 다니는 길목에 우리 밀가루와 수입 밀가루를 놓아두면 쥐들은 수입 밀가루는 먹지 않고 우리 밀가루만 먹는다고 한다. 실제로 오래전 MBC TV의 '시사매거진 2580'이라는 프로그램에서 실험용 쥐를 가둬 놓고 우리 밀 알곡과 수입 밀 알곡을 넣었더니 쥐들이 수입 밀 알곡은 먹으려 하지 않고 우리 밀 알곡만 먹는 모습을 방영하기도 했다. 바구미가 살 수 없고 해충과 쥐가 싫어하는 수입 밀가루를 사람이 날마다 먹는다는 것은 무서운 일이 아닐 수 없다.

수입 밀가루에는 농약이 허용치의 무려 130배까지 들어 있다고 한다. 우리나라 국민의 직장암이 늘어나고 장이 굳어서 각종 질병이 생기는 것도 수입 밀가루 속에 든 방부제와 무관하지 않다. 이 정도면 수입 밀가루는 전분이 풍부한 식품이 아니라 한마디로 독인 것이다.

그동안 우리는 이 해로운 수입 밀가루를 먹으며 살아왔고, 그것은 지금도 마찬가지이다. 우리 아이들이 즐겨 먹는 과자와 빵, 햄버거, 피자, 라면, 국수 등은 모두 수입 밀가루로 만들고 있다.

그렇다면 이런 방부제 밀가루를 먹는 우리 아이들의 몸은 과연 어떻게 될까?

예전 우리 농촌에서 생산되는 우리 밀가루를 먹고 살았을 때는 지금처럼 아토피나 암 등의 병이 많지 않았다. 지금 우리 아이들이 각종 생활습관병이나 알 수 없는 희귀한 병에 걸리고 있는 이유가 수입 밀가루

속에 든 방부제 때문이 아니라고 자신 있게 말할 수 있는 사람은 없을 것이다.

이처럼 수입 밀가루가 사람의 몸에 해롭다는 것을 알기 때문에 지난 1990년부터 뜻있는 사람들이 모여 논과 밭에 우리 밀을 심기 시작했다. 당시 이들은 우리 밀 종자를 구하려고 전국을 누볐지만 구할 수 없게 되자 농촌진흥청에서 42kg의 종자를 얻어 전라남도와 전라북도, 경상남도에 각각 14kg씩 나눠 파종을 시작했다.

그런데 우리나라는 밀 농사를 포기하면서부터 세계무역기구, 즉 WTO 협정에서 더는 밀 생산국이 아닌 나라로 규정됐고, 우리 밀 재배 농민들은 정부로부터 어떤 보조도 받을 수 없었다.

이런 악조건 속에서도 이들은 굳건히 우리 밀농사를 지켜오면서 그 종자를 계속 퍼트려 재배 면적을 늘렸다. 거기다 전 세계적으로 수입 밀가루를 포함한 곡물의 가격이 폭등하면서 비로소 우리 밀은 진정한 가치를 인정받고 있다.

미국에서는 밀을 한여름에 재배하기 때문에 농약을 많이 칠 수밖에 없지만, 우리 밀은 추운 겨울에 자라므로 농약을 전혀 쓰지 않는다. 거기다 우리 땅에서 난 신토불이 식품이다.

이제 수입 밀가루를 버리고 우리 밀가루를 먹어야 하는 이유가 바로 여기에 있다.

수입 밀가루에 대한 진실과 오해

Q **가정에서 자녀들에게 어떤 재료로 과자를 만들어 줘야 하나요?**

A 밀가루는 우리 밀가루와 통밀가루를 사용해야 하며, 달걀은 믿을 수 있는 유정란을 사용합니다. 단맛은 매실 효소와 조청, 짠맛은 천일염으로 만든 구운 소금을 사용합니다.

Q **수입 밀가루는 우리 몸에 왜 안 좋은가요?**

A 밀을 대량으로 재배하면서 비행기로 뿌린 살충제가 많이 들어 있고, 수입되는 수송 기간이 길어서 썩지 않게 하려고 맹독성 살균제, 방부제를 많이 넣기 때문입니다. 그리고 수입 밀가루 속에 든 방부제 때문에 중추신경마비와 출혈성 위염을 유발하고 장이 굳으며, 아토피는 물론 각종 암에 걸리는 원인이 되기도 합니다.

Q **왜 우리 밀기루로 만든 식품을 먹어야 하나요?**

A 우리 밀가루에는 살충제와 방부제가 들어 있지 않습니다. 물론 수입 밀가루보다 비싸긴 하지만 외식비에 비하면 절대 큰 비용이 드는 것은 아닙니다. 무엇보다 우리의 건강도 살리고 농촌도 살리는 길이며, 우리 땅에서 난 신토불이 식품이기 때문입니다.

핵심 포인트

우리는 과자와 빵, 피자, 햄버거, 라면, 국수 등 수입 밀가루로 만든 식품 속에 무서운 방부제가 들어 있는 줄을 모르거나 혹은 알면서도 날마다 무심코 사 먹고, 또 가정에서도 음식을 만드는 데 사용하고 있다. 특히 자라나는 아이들이 좋아하는 기호 식품이라는 데에 더 큰 문제가 있다.

날마다 수입 밀가루로 만든 식품을 먹는다는 것은 날마다 독을 먹어 내 몸을 서서히 죽이고 있는 것과 다르지 않다. 자라나는 우리 아이들이 날이면 날마다 수입 밀가루로 만든 가공식품을 먹고 있다는 것은 생각만 해도 끔찍하다.

부모는 가정에서 아이들에게, 선생님은 학교에서 수입 밀가루가 왜 나쁜지, 왜 우리 몸을 병들게 만드는지 정확히 가르쳐 줄 필요가 있다. 가정의 식탁은 물론 무엇보다 학교 급식에서 수입 밀가루를 당장 추방해야 한다. 그렇지 않으면 우리 아이들이 지금 당장은 괜찮을지라도 앞으로 자라서 어떻게 될지 건강을 장담할 수 없다.

한국에 온 미국인들은 밀가루로 만든 빵이 며칠씩 유통되는 것을 보고 놀라 질겁한다고 한다. 그들로서는 상상할 수 없는 일이기 때문이다. 미국이나 유럽에서 생활하다가 한국에 돌아와 빵을 사 먹는 사람들은 하나같이 그곳의 빵과 맛이 다르고 혀끝에 독성이 느껴진다고 이야기를 한다.

가격이 좀 비싸더라도 우리 밀가루로 만든 과자와 빵, 햄버거, 피자, 라면, 국수를 먹어야 한다. 영양 과잉 시대인 만큼 가격이 비싸면 조금 덜 먹으면 된다. 식품업체들도 값이 비싸질지라도 하루빨리 해로운 수입 밀가루 대신 우리 밀가루로 식품을 만들어 팔아야 한다. 수요는 적을지라도 가격이 비싸지므로 부가가치가 당연히 높아질 것이다.

우리 모두의 건강을 위해 이제는 먹어서는 안 될 다섯 가지 재료의 하나인 수입 밀가루로 만든 가공식품은 사 먹지 말고, 또 수입 밀가루를 이용해 음식을 만드는 일도 하지 말아야 한다.

정신까지 좀먹는 무서운 설탕

_ 설탕이 우리 몸에 왜 좋지 않을까?

"

"정원아, 우리 아이스크림 사 먹자! 내가 사 줄게."

학교에서 돌아오는 길에 미영이가 정원이의 팔을 붙잡으며 말했습니다. 하지만 정원이는 고개를 젓습니다.

"고맙지만 사양할래. 난 아이스크림 싫어."

"넌 정말 이상하다. 과자도 안 먹고 아이스크림도 안 먹고. 그러지 말고 하나만 먹자. 응?"

"엄마가 먹으면 안 된다고 하셨어."

"왜?"

"아이스크림은 우리 몸에 안 좋은 게 많이 들어 있는 정크 식품이래."

"쳇!"

미영이는 정원이를 이해할 수 없습니다.

맛있는 아이스크림에 왜 몸에 안 좋은 게 많이 들어 있다고 안 먹을까요? 정말 아이스크림은 우리 몸에 좋지 않을 걸까요? 이제부터 그 이유를 알아봅시다.

"

요즘 어딜 가나 온통 설탕투성이이다. 아이스크림과 케이크, 음료수, 과자, 자장면, 떡볶이 등 도대체 달지 않은 음식을 찾아보기 힘들다. 학교 급식에 나오는 콩나물 반찬도 달고 거리에서 파는 떡볶이도 달다. 중국집 자장면도 달고 불고기와 육개장, 비빔밥도 달다. 그러다 보니 아이들은 단맛에 길들여져 하나같이 다디단 단것만 찾는다. 달지 않은 것은 아예 음식으로 여기지 않는다.

이처럼 자신도 모르게 단맛에 빠져 있는 가운데 아이들의 몸과 정신이 서서히 망가지고 있다는 사실을 간과한 채 생활하고 있다. 그렇다면 과연 우리가 날마다 먹고 있는 설탕이 인체에 왜, 어떻게 나쁠까?

예전에 설탕은 사탕수수나 사탕무에서 즙을 짜낸 후 수분을 증발시켜 얻었다. 이때만 해도 설탕은 비타민과 섬유질 그리고 미네랄 같은 영양분이 풍부하고 칼로리가 높은 식품이었다.

하지만 설탕의 수요가 늘어나면서 대량으로 생산하다 보니 원료당인 조당粗糖에 열을 가해 빨리 만들 수밖에 없었다. 거기다 설탕의 결정을 얻어내는 정제 과정에서 섬유질을 비롯한 좋은 영양소는 다 파괴되고 칼로리만 남은 것이 지금 우리가 먹고 있는 설탕인 정제당精製糖이다.

결국, 정제당은 깨끗하고 자극적인 단맛을 좋아하는 소비자들의 입맛에 맞춰 가공한 것으로 영양가는 하나도 없는, 우리 몸에 백해무익한 물질이다.

설탕은 원래 영양분의 흡수를 돕고 질병을 방어하며 인체를 최상의 상태로 유지하게 만드는 중요한 영양소로서 몸속으로 들어오면 포도당으로 바뀌어서 간에 저장된다. 하지만 간의 크기는 한계가 있어서 매일 과자나 아이스크림, 빵 등과 같은 음식을 통해 당분을 지나치게 많이 섭취하면 이를 감당하지 못한다. 그래서 풍선처럼 부풀어 올라 기능에 이상이 생기게 된다.

또한, 간에 저장하고 남은 포도당은 지방산으로 바뀌어서 피를 타고 돌아다니다가 배와 엉덩이, 가슴, 허벅지에 달라붙는다. 설탕을 많이 먹으면 몸이 뚱뚱해질 수밖에 없는 원인이 바로 여기에 있다.

설탕은 몸속의 칼슘과 마그네슘, 칼륨 같은 영양분을 몸 밖으로 내보내 골다공증을 불러온다. 그리고 큰창자와 작은창자 안의 건강한 박테리아까지 없애 영양분의 흡수를 막고 독소를 만든다.

특히 설탕은 우리 몸 안으로 들어오면 소화도 되지 않은 상태에서 곧바로 핏속으로 들어간다. 이 때문에 갑자기 많은 양의 인슐린을 불러내 당뇨를 일으키고, 빠르게 피에서 빠져나가기 때문에 저혈당증을 일으키며, 신경에서 칼슘이 빠져나가 신경염에 걸리게 한다.

당뇨는 설탕을 많이 먹는 사람들이 걸리는 대표적인 병으로 예전에는 어른들에게만 나타났는데 지금은 어린이도 많이 걸리고 있다. 임신 중에 설탕을 많이 먹은 엄마가 낳은 아이 가운데는 이미 소아당뇨에 걸려 있는 아이들도 있을 정도이다.

그리고 저혈당으로 뇌의 기능이 떨어지면 집중력 장애와 학습 장애, 행동 장애 등의 증상이 나타나 자연히 성격도 신경질적이고 난폭해지게 된다.

당뇨가 무서운 것은 질환 그 자체보다 그로 인해 생기는 합병증이다. 당뇨로 진단받은 사람 열 명 중 한 명은 이미 신경에 염증이 생긴 것으로 볼 수 있다. 우리 몸은 혈당이 높은 상태가 지속하면 신경세포가 손상되고 신경의 고유 기능인 정보 전달 능력이 감소해 감각 이상과 시력 상실 등의 증상이 나타난다.

그런가 하면 설탕은 피를 뜨겁게 만든다. 그래서 몸집은 커도 힘이 없고 얼굴색을 어둡게 만들며, 숨결에서는 나쁜 냄새가 풍기는 것이다. 또한, 충치, 변비와 비만, 어깨 결림, 냉증, 위궤양 등의 원인이 되기도 하며, 각종 세균이나 바이러스에 감염이 잘 되는 체질로 만든다. 이외에도 설탕을 많이 섭취하면 혈중 중성지방 수치가 높아지게 된다.

요즘에는 효소를 만들거나 과일주를 담그기 위해 누런 황갈색과 검은색을 띠는 흑설탕을 많이 쓰고 있다. 백설탕은 해롭고 황설탕과 흑설탕은 영양분이 살아 있다며 색깔이 조금 보기 싫고 거칠어도 커피 마실 때나 요리에 사용하는 사람이 많다. 심지어 어떤 화장품 회사는 흑설탕으로 화장품을 만든다고 홍보할 정도이다.

그렇다면 황설탕과 흑설탕은 정말 백설탕보다 건강에 좋은 것일까? 결코 그렇지 않다. 사람들은 대부분 황설탕과 흑설탕의 색깔만 보고 원료당에 가까우며 백설탕과 비교해 제조 과정도 덜 거쳤으리라고 생각하기 쉽다. 하지만 정반대로 황설탕과 흑설탕은 백설탕보다 오히려 제조 과정을 한두 차례씩 더 거친 것으로 백설탕보다 좋을 것이 없다.

현재 외국에서 우리나라로 수입되는 원료당의 색깔은 모두 노란색이나 암갈색을 띠고 있다. 이 원료당을 정제해 처음으로 나오는 것이 순도 99.9%의 백설탕, 즉 정백당精白糖이며 가장 희다고 해서 상백당上白糖이라고도 한다.

정백당을 시럽으로 만들어서 재결정 과정을 거치면 열에 의해 설탕은 갈색으로 변하면서 정백당 안에 있던 원료당의 향이 되살아나게 된다. 이것이 바로 황설탕, 즉 중백당中白糖이다. 중간 정도의 흰설탕이라는 뜻이다. 황설탕은 흰설탕보다 순도가 떨어지지만, 원당의 향이 들어 있고 색깔도 먹음직스러운 누런색이어서 커피를 마실 때 많이 사용되고 있다.

흑설탕은 삼온당三溫糖이라고 하는데 한자어 뜻 그대로 세 번 가열해서 만든 설탕이다. 이 흑설탕은 캐러멜을 첨가해 색깔이 더욱 짙게 보이게 만드는 것으로 독특한 향과 색깔 때문에 수정과나 약식 등을 만들 때 사용한다. 따라서 황설탕과 흑설탕이 백설탕보다 몸에 좋다는 생각은 틀린 것이다.

원래 흑설탕은 사탕수수의 즙액을 졸이면서 당밀을 제거하지 않았기 때문에 당밀분이 그대로 남아 있는 영양가가 풍부한 식품이었다. 사탕수수 원액으로 맨 처음 만들어진 것이 흑설탕이었으며, 이것을 정제해서 황설탕을 만들고, 마지막으로 정제 과정을 거쳐 만든 것이 백설탕이었다. 이 때문에 예전에는 당연히 백설탕의 값이 가장 비쌌다.

하지만 지금은 제조 공정이 반대로 바뀌어서 맨 처음에 백설탕이 나오고, 그다음에 황설탕이 나오며, 마지막으로 캐러멜을 섞어 흑설탕을 만들고 있다. 그래서 백설탕보다 흑설탕의 값이 오히려 더 비싸진 것이다.

우리나라 제당 회사들은 당밀분을 미리 분해한 원료당만을 수입하고 있으며, 백설탕부터 가장 먼저 만들기 때문에 당밀분이 살아 있는 진짜 흑설탕을 구할 수 없다.

최근에는 정제당이 해롭다는 이유로 원료당에 화학적인 정제 과정을 가하지 않고 만든 유기농 설탕이 등장했다. 사탕수수즙을 추출한 후 수분을 증발시켜 설탕의 결정을 얻어낸 것으로 누르스름한 색을 띠고 있다. 이 유기농 설탕과 황설탕은 당연히 다르며 구하기도 쉽지 않다.

그렇다면 과연 어떤 설탕이 가장 달까? 두말할 것도 없이 백설탕이다. 백설탕은 모든 정제 과정을 거치지 않은 채 맨 처음 나오는 설탕으로 순도가 가장 높기 때문이다. 백설탕이 가장 설탕다운 단맛이 난다.

황설탕은 백설탕에 열을 더 가해서 만들었기 때문에 바삭바삭하게 느껴지는 대신 단맛은 조금 덜하다. 흑설탕은 캐러멜을 첨가했기 때문에 맛이 떨어지며 수분 함유량이 많다.

결론은 백설탕이든 황설탕이든 단순히 우리의 미각을 자극하고 현혹하는 것일 뿐 몸에 해로운 나쁜 물질이라는 사실이다. 따라서 이런 설탕은 아예 먹지 않는 것이 건강을 지키는 최선의 길이다.

설탕보다 더 무서운 것이 단맛을 내는 감미료이다. 흔히 사카린이라고도 하는데 감미료의 단맛은 무려 설탕의 300배나 된다. 문제는 감미료가 아이들이 좋아하는 과자와 청량음료, 아이스크림은 물론 간장 같은 식품에도 들어 있다는 점이다.

실험용 쥐에게 감미료를 먹였더니 뇌가 이상해지고 각종 암에 걸렸다는 연구 결과가 있다. 또한, 토끼에게 먹인 결과 골격까지 이상해졌다고 한다. 이런 해로운 물질을 사람이 먹는 식품에 넣고 있다니 정말 무서운 일이 아닌가.

그럼 가정에서 설탕 대신 단맛을 어떤 것으로 내면 좋을까? 가장 좋은 것은 조청과 물엿, 꿀이다. 조청과 물엿은 엿을 고다가 중간에 불을 끄고 완전히 졸이지 않은 상태의 액체를 가리킨다. 가열 정도에 따라 된 조청과 묽은 조청으로 나누는데, 된 조청은 조청, 묽은 조청을 물엿이라고 부른다. 예전 설탕이 없을 때는 음식의 단맛은 거의 이 조청으로 냈다.

조청을 만드는 방법은 쌀이나 수수, 좁쌀, 옥수수 등으로 고슬고슬하게 밥을 지은 후 뜨거울 때 찬 엿기름물을 부어 7~8시간 두면 저절로 삭아서 밥알이 동동 떠오른다. 이것을 베자루에 퍼 담아 눌러서 짜면 뽀얀 당화액이 나온다. 이 당화액을 솥에 넣고 고다가 일찍 불을 끄면 묽은 조청인 물엿이 된다. 그리고 되직한 상태에서 불을 끄면 조청이 되며, 마지막까지 고면 고체 형태의 엿이 되는 것이다.

이 같은 제조 과정만 봐도 조청과 물엿이 얼마나 몸에 좋은 식품인지 알 수 있다. 그러나 요즘 시중에서 판매하고 있는 물엿 가운데는 유전자가 조작된 수입 옥수수의 전분을 원료로 사용했을 가능성이 큰 제품이 많기 때문에 반드시 현미를 원료로 한 물엿을 사서 사용하는 것이 안전하다.

2008년 초 수입된 유전자 조작 옥수수는 수입 용도가 바로 전분당이었다. 즉, 이 옥수수는 물엿 등의 당분을 만들기 위해 수입한 것이며, 앞으로도 수입은 계속될 것이다. 따라서 이것도 안심할 수 없다.

그리고 꿀은 가능하면 천연 벌꿀을 구해서 사용하는 것이 좋다.

그다음으로 단맛을 내는 재료로서는 설탕을 채소나 과일 등과 섞어 발효를 시킨 효소가 있다. 특히 가정에서 누구나 만들 수 있는 손쉬운 방법으로 해마다 5월 말에서 6월 초, 푸른 매실을 사서 설탕과 반반씩 항아리에 넣고 발효시킨 매실 효소를 만들어 사용하는 것이 가장 좋다. 매실에 설탕을 넣고 긴 시간 발효시키면 박테리아가 설탕을 분해해 성분 자체가 달라지기 때문에 최고의 식품으로 다시 태어난다. 요즘 효소가 주목받는 이유가 여기에 있다.

매실 효소는 가정에서 생선이나 돼지고기, 나물, 잡채 등의 요리를 할 때 설탕 대신 넣으면 정말 맛이 있고 조청처럼 윤기가 흐르며 어떤 음식에도 잘 어울린다. 평소 물에 타서 음료수 대용으로 마시면 갈증이 나지 않고, 특히 알칼리성이라서 몸의 체액을 중화시키는 뛰어난 효과가 있다.

매실 효소를 담그는 것은 전혀 복잡하거나 번거롭지 않으므로 직접 담가서 유용하게 사용하면 가족의 건강이 좋아진다.

이밖에 단맛을 내는 재료로는 곡류나 식물에서 추출한 천연 올리고당이 있다. 올리고당은 물엿처럼 조림류나 볶음류에 설탕 대용으로 사용되는 제품으로 물엿보다 점도가 낮고 요리를 하면 윤기가 난다. 장내 유익균의 성장을 돕기 때문에 물엿 대용 식품으로 인기를 끌고 있다.

이제 설탕이 왜 나쁜지, 설탕은 물론 설탕이 든 가공식품은 왜 사 먹지 말아야 하는지 확실히 알았을 것이다. 그렇다면 지금 당장 찬장이나 식탁에 놓여 있는 설탕을 미련 없이 쓰레기통에 버리자.

절대 먹어서는 안 될 다섯 가지 재료의 하나인 설탕을 가정이나 학교 급식은 물론 군대 급식 그리고 식당 주방에서 하루빨리 추방하는 것이 바로 우리 모두의 건강을 지키는 길이라는 것을 명심해야 한다.

설탕에 대한 진실과 오해

Q 설탕이 몸에 나쁜데도 왜 사람들은 많이 먹나요?

A 설탕이 왜 나쁜지 잘 모르기도 하고 주변에 많이 널려 있으며 남들도 다 먹으니까 무의식적으로 먹는 것입니다. 단맛에 길들여진 입맛에 무조건 깨끗하고 자극적인 것을 좋아하기 때문에도 많이 먹습니다.

또한, 황설탕과 흑설탕은 백설탕보다 제조 과정을 덜 거쳤으며, 영양분이 많고 해롭지 않다는 잘못된 생각으로 먹는 사람도 많습니다.

Q 설탕을 많이 먹으면 우리 몸에 어떻게 나쁜가요?

A 비만의 원인이 되고, 몸속의 칼슘과 마그네슘, 칼륨 같은 영양분을 밖으로 내보내며, 큰창자와 작은창자 안의 건강한 박테리아까지 없애는 한편, 뇌의 기능까지 해칩니다. 또한, 먹자마자 핏속으로 빠르게 흡수되기 때문에 저혈당증을 불러 신경질적이 되고 난폭해지며, 집중력이 떨어져 공부가 잘되지 않습니다.

아울러 몸집은 커도 힘이 없고, 얼굴색을 어둡게 만들며, 숨결에서는 나쁜 냄새가 풍깁니다. 이외에도 충치와 변비, 비만, 어깨 결림, 냉증, 위궤양 등의 원인이 되기도 하며, 각종 세균이나 바이러스 감염이 잘되는 체질로 만들고, 특히 당뇨의 원인이 됩니다.

Q 설탕 대신 음식의 단맛은 어떤 것으로 내야 하나요?

A 현미로 만든 조청, 물엿으로 단맛을 내거나 천연 벌꿀, 천연 올리고당을 사용합니다. 해마다 5월 말과 6월 초에 매실 효소를 담가 설탕 대신 사용하는 것도 좋은 방법입니다.

핵심 포인트

어른, 아이 할 것 없이 사람들은 하나같이 단맛에 취해 단것만 찾기 때문에 어느 음식, 어느 가공식품이나 온통 단맛 일색이다.
현재 우리가 사용하고 있는 설탕, 즉 정제당은 단맛만 낼 뿐 인체에 나쁜 해악만 끼치는 물질이라는 사실을 정확하게 아는 것이 중요하다. 그런 다음 설탕과 감미료가 든 가공식품이나 음식은 일절 사 먹지 말아야 한다.
특히 자라나는 우리 아이들이 날마다 먹고 있는 학교 급식에서 설탕은 물론 감미료를 첨가한 가공식품은 전부 추방해야 한다. 학부모와 학교 당국이 이 부분의 문제점을 철저히 짚고 넘어가야 우리 아이들의 건강이 산다. 군대 급식도 마찬가지이다.

대기업을 비롯한 식품업체들은 돈을 많이 버는 것도 좋지만, 우리 아이들과 젊은이들의 건강을 생각해서 가공식품에 절대로 설탕이나 감미료를 넣으면 안 된다. 설탕과 감미료가 나쁜 줄 알면서도 계속 넣어 만든다면 이는 양심의 문제이다.

가정에서는 아무리 바쁘더라도 5월 말에서 6월 초 사이에 푸른 매실을 사서 효소를 담그는 일을 연례행사의 하나로 해야 한다. 매실 효소를 담가서 1년 내내 두고 먹기만 해도 식탁의 요리가 달라지고 가족의 건강 또한 분명 좋아질 것이다.

뇌에 이상을 가져오는 무서운 화학조미료

_ 화학조미료가 우리 몸에 왜 좋지 않을까?

"

정원이와 엄마는 휴일을 맞아 모처럼 이모 댁으로 놀러 갔습니다. 이모는 두 사람을 위해 맛있는 잡채밥을 준비하였습니다.

"어서 와 정원아, 잡채밥을 만들었는데 네가 싫어하는 돼지고기는 넣지 않았어. 대신 싱싱한 채소를 많이 넣었거든. 자, 맛있게 먹자."

"네, 고마워요. 이모!"

정원이와 엄마, 이모는 식탁에 둘러앉아 잡채밥을 먹기 시작했습니다. 그런데 잡채밥을 한 입 떠 넣은 정원이 엄마의 얼굴이 찡그러졌습니다.

"너 이 잡채밥에 조미료 넣었니?"

"조미료? 응, 조금 넣었는데 왜?"

이모의 말에 정원이는 엄마 눈치를 보면서 슬그머니 숟가락을 내려놓았습니다. 순간 엄마는 정말 난처했습니다. 엄마나 정원이는 조미료를 넣은 음식을 먹지 않기 때문입니다.

"조금밖에 안 넣었어. 음식에는 조미료를 조금 넣어줘야 맛이 나잖아."

엄마는 이모의 성의를 생각하자니 안 먹을 수도 없어 곤란했습니다. 하지만 정원이에게 조미료를 넣은 음식을 먹게 할 수는 없습니다.

"얘, 정원이는 조미료가 든 음식은 안 먹어. 그러니 정원이 것만 별도로 좀 해 줄래?"

"그래? 알았어. 얼른 만들어줄게."

이모는 정원이가 먹을 잡채밥만 금방 다시 만들어주었습니다. 정원이는 이모에게 참 미안했습니다. 하지만 조미료가 나쁘다는 것을 알면서 먹을 수는 없는 것이 아닌가요?

"

우리가 무심코 먹고 있는 조미료. 식당에 가면 음식 맛이 아니라 조미료 맛으로 먹는 음식이 적지 않다. 그래도 사람들이 맛있게 먹기 때문에 음식을 만드는 사람들은 조미료를 듬뿍듬뿍 넣는다. 그렇다면 과연 이 조미료가 왜 나쁠까?

1960년대 이전까지만 해도 우리나라에는 요즘처럼 조미료라는 물질이 따로 없었다. 우리 조상들은 대대로 반찬이나 찌개, 국거리에 소금과 간장, 된장, 고추장, 젓갈을 넣고 멸치를 비롯한 잡어와 마늘, 생강, 대파, 들깨, 식초, 참기름 같은 부재료를 써서 맛을 냈다. 이렇게 만들어 먹었어도 음식은 정말 맛이 있었으며, 사람들은 병에 걸리지 않고 건강하게 살았다.

그런데 언제인가부터 일본을 거쳐 우리나라에 화학조미료라는 것이 들어왔다. 눈처럼 새하얀 이 조미료는 반찬이나 찌개, 국 등 어떤 음식이든지 조금만 넣어도 맛이 새콤달콤하게 변하니 정말 신기하기 짝이 없었다. 그러자 사람들은 더는 집에서 멸치나 다시마 등으로 맛을 내지 않고 화학조미료만 사용하기 시작했다.

그 결과 사람들의 입맛은 화학조미료에 점점 익숙해졌고, 그 양도 계속 늘어났다. 사람들의 입맛이 갈수록 자극적인 것을 원하기 때문에 자꾸만 조미료를 더 넣게 되는 것이었다.

화학조미료의 성분이 어떤 것인지, 인체에 어떻게 해로운 것인지 정확히 알지 못한 채 음식에 사용하는 사람이 너무 많다. 이제부터 하나하나 알아보자.

먼저 화학조미료의 주성분인 글루탐산나트륨, 즉 MSG는 폐 당밀분 등을 발효시켜 만든 글루탐산에 수산화나트륨을 반응시킨 것으로서 사람의 미각을 마비시킨다. 소금을 먹으면 처음에는 짜다가도 많이 먹으면 쓴맛이 느껴져 더는 먹지 않게 된다. 하지만 화학조미료는 어느 정도 많이 넣거나 계속 넣어도 변화된 맛을 느끼지 못하게 만든다. 그래서 더 먹게 되고 더 넣게 되는 것이다.

그런가 하면 글루탐산나트륨은 입안의 세포를 헐게 만든다. 화학조미료가 많이 든 음식을 먹었을 때 누구나 입안이 왠지 부드럽고 매끄러워지는 느낌을 받곤 할 것이다. 이것이 바로 글루탐산나트륨의 세포를 헐게 하는 작용 때문이다.

우리가 먹는 화학조미료는 신경에 전달돼 흥분을 일으킨다. 그래서 글루탐산나트륨을 많이 먹게 되면 신경세포막이 파괴되기도 하는 것이다. 이것은 매우 중요하다. 어른들과 달리 어린이들이 먹으면 아무리 적은 양이라도 뇌가 손상될 위험이 크기 때문이다.

그리고 화학조미료는 인체가 칼슘을 흡수하는 것을 막고, 심할 경우 뼛속에 저장된 칼슘까지 빼내서 골다공증에 걸리게 한다. 골다공증이란 뼈가 칼슘이 부족해 튼튼하지 못하고 속에 구멍이 많이 뚫려 있는 것을 말한다.

그뿐만 아니라 화학조미료는 천식과 우울증, 두통 같은 병을 불러오고 근육을 굳게 만드는 부작용을 가져온다. 일본 히로사키 대학의 보고서에 따르면, 실험용 쥐들에게 고농도의 화학조미료를 먹였더니 눈에 이상이 왔다. 서구보다 화학조미료를 많이 먹는 아시아 사람들에게 녹내장이 많은 것도 바로 이 때문이라고 한다.

화학조미료가 이처럼 나쁜데도 불구하고 그 무서움을 잘 모르는 사람이 대부분이다. 사실 화학조미료가 많이 든 음식을 먹으면 배 속부터 불쾌하고 메스껍기 짝이 없다. 그래서 평소 화학조미료를 먹지 않는 사람은 밖에서 화학조미료가 든 음식을 절대 사 먹지 못하는 것이다.

화학조미료는 특히 중국 음식에 많이 들어 있다. 중국 음식점에서 만든 요리를 먹고 나면 왠지 속이 거북스러울 때가 많은데 바로 화학조미료를 쓰기 때문이다. 국내 중국 음식점에서 만든 요리 속에는 한식의 두 배나 되는 조미료가 들어 있고, 이 조미료의 94%가 화학조미료라는 조사 결과가 있다.

하지만 화학조미료는 중국 음식점 말고도 우리나라 거의 모든 식당에서 사용하고 있으며, 심지어 가정에서도 아무 생각 없이 팍팍 넣고 있다. 시중에서 파는 김치와 고추장, 된장, 간장은 물론 아이들이 즐겨 먹는 과자나 캐러멜, 햄버거, 치킨 등에도 많이 들어 있다는 사실을 아는 사람은 많지 않다.

그렇다면 왜 사람들은 음식이나 가공식품에 화학조미료를 넣는 것일까? 그것은 오로지 맛을 내기 위한 것이다. 조미료란 원래 짠맛과 단맛, 쓴맛, 신맛 등 4대 기본 맛 가운데 쓴맛을 뺀 세 가지의 맛을 지닌 물질을 말한다. 이외에 구수한 맛 또는 감칠맛을 내는 물질도 성격상 조미료에 포함할 수 있다.

역사적으로 보면 인류가 사용해온 가장 오래된 조미료는 식염, 즉 소금이다. 물론 소금은 짠맛뿐만 아니라 인간에게 생리적으로 필수적인 물질이기 때문에 당연히 가장 먼저 가까이한 것이다.

소금은 짠맛을 내는 것 외에도 다른 맛 성분과 함께 있으면 그 맛을 강화하는 작용을 한다. 특히 소금을 단맛 성분과 함께 넣으면 단맛의 효력이 크게 높아진다.

음식에 들어 있는 물질 가운데 소금을 넣어야만 느낄 수 있는 맛이 있다. 이런 음식에 소금을 넣으면 맛이 새로워지고 강화되는 효과가 있다. 예를 들어 고기에 소금을 뿌리면 구수한 맛이 돋아나고, 과일을 소금에 찍어 먹으면 더 달게 느껴지며, 소금만 넣은 떡의 맛이 달짝지근한 것도 바로 이 때문이다.

이제는 어디를 가도 화학조미료를 사용하지 않은 음식이나 식품을 찾아보기 힘들다. 더 큰 문제는 화학조미료에 익숙해진 소비자들의 입맛이다.

식품 가공업체들도 화학조미료를 넣어 맛을 내지 않으면 사람들, 특히 아이들이 사 먹지 않으니까 많이 팔기 위해서 화학조미료를 많이 넣는 것이다. 더러 'MSG 무첨가'라고 표기해 놓은 가공식품을 볼 수 있는데, 이것도 실제로 화학조미료를 넣지 않는다고 할지라도 기타 조미 양념 속에 화학조미료가 이미 들었으므로 큰 의미가 없다.

다행히 요즘 화학조미료가 몸에 나쁘다는 것을 알고 음식에 사용하지 않는 식당이나 가정도 늘고 있다. 특히 엄마가 화학조미료를 사용하지 않는 가정일수록 아빠와 아이들도 화학조미료가 든 음식을 싫어한다. 엄마의 역할이 중요한 것이 바로 이 때문이다.

화학조미료에 대한 진실과 오해

Q 화학조미료가 몸에 나쁜데도 불구하고 사람들은 왜 많이 사용하나요?

A 화학조미료가 왜 나쁜지를 잘 모르고, 남들도 다 요리에 넣기 때문에 무의식적으로 사용하며, 사람들이 화학조미료에 익숙해져서 무조건 화학조미료가 많이 든 음식을 요구하기 때문입니다. 또한, 화학조미료가 나쁜 것은 알지만, 집에서 천연 조미료를 만들기가 귀찮고 번거롭기 때문입니다.

Q 화학조미료는 우리 몸에 왜 안 좋은가요?

A 사람이 먹으면 신경에 전달돼 흥분을 일으키고 신경세포막이 파괴되기도 합니다. 어린이들이 먹으면 아무리 적은 양이라도 뇌가 손상될 위험이 있고, 입 안의 세포를 헐게 만듭니다. 화학조미료는 우리 몸이 칼슘을 흡수하는 것을 막고 뼛속에 저장된 칼슘까지 빼내 골다공증에 걸리게 합니다. 또한, 천식과 우울증, 두통 같은 병을 불러오고 근육을 굳게 만들며 녹내장의 원인이 되기도 합니다.

Q 화학조미료는 어떤 가공식품과 음식에 많이 들어 있나요?

A 김치와 고추장, 된장, 간장 등 시중에서 파는 거의 모든 식품에 화학조미료가 들어 있습니다. 아이들이 좋아하는 과자나 캐러멜, 햄버거, 치킨 등에도 들어 있습니다. 식당에서 파는 거의 모든 음식에 화학조미료가 들어 있는데, 특히 중국 음식점에서 만든 요리 대부분에 들어 있습니다.

핵심 포인트

화학조미료는 수입 밀가루와 정제염, 정제당 등과 더불어 우리가 먹어서는 안 될 다섯 가지 재료의 하나이다. 앞서 열거한 각종 질병뿐만 아니라 특히 아토피를 일으키는 알레르겐이 된다. 인체에 나쁘다는 것을 어렴풋이 알고 있으면서도 화학조미료에 길들여진 입맛의 요구로 습관적으로 먹고 있는 사람이 대부분이다.

고혈압이나 당뇨를 앓고 있으면서 밥 사 먹을 곳이 없다는 말을 하는 사람이 많다. 그래서 일부러 설탕과 화학조미료를 사용하지 않는 채식 식당을 찾아가기도 하고, 도시락을 싸 들고 출근하거나 아예 사무실에서 직접 밥을 해서 먹는 사람도 늘고 있다. 다행히 요즘 음식을 조리할 때 화학조미료는 일절 사용하지 않는다는 문구를 내걸고 영업하는 음식점이 생겨나고 있지만, 아직도 그 숫자는 미미하다.
집은 물론 음식점에 가서도 입맛이 요구하는 음식보다는 몸에 좋은, 몸이 진정 원하는 음식을 먹어야 한다. 조미료를 넣지 않아 입맛에 맞지 않더라도 그런 음식이야말로 내 몸이 좋아지는 음식이라는 생각으로 먹어야 한다.

화학조미료로부터 건강을 지키기 위해서는 부엌에 있는 화학조미료를 당장 쓰레기통에 버려야 한다. 그리고 왜 화학조미료를 먹어서는 안 되는지 가족에게 자주 이야기해서 머릿속에 각인을 시켜야 한다.

학교에서도 선생님이 이러한 사실을 아이들에게 가르쳐 주고, 학교 급식은 물로 군대 급식에서도 화학조미료가 든 가공식품을 일체 추방해야 한다.

불편하더라도 가정과 식당, 학교 급식실, 군대 취사장에서는 우리 모두의 건강을 위해 멸치와 다시마, 표고버섯, 파 뿌리 등을 삶아 맛있는 천연 조미료를 만드는 수고를 마다하지 않아야 한다.

변비를 없애고 몸속의 중금속을 밀어내는 현미밥

_ 흰 쌀밥이 우리 몸에 왜 좋지 않을까?

"

정원이네 집에 시골에서 할머니가 올라오셨습니다. 엄마는 맛있는 현미밥과 반찬을 정성껏 준비했습니다. 하지만 엄마는 걱정이 됐습니다. 현미밥은 잘 씹히지 않고 입안에서 굴러다닌다고 싫어하는 사람도 있으니까요. 그런데 평소 흰 쌀밥만 잡수시는 할머니가 이렇게 말씀하셨습니다.

"현미밥을 참 맛있게 지었구나."

엄마는 너무 기뻤습니다.

"전 어머님만 쌀밥을 따로 해 드릴까 했는데, 맛있다고 하시니까 정말 다행이에요."

"요즘은 시골에 사는 노인네들도 흰 쌀밥 안 먹고 현미를 섞어 밥을 짓는단다."

"그래요?"

"그런데 어떻게 지었길래 이렇게 맛있냐?"

"현미와 현미 찹쌀을 반반 정도 넣어서 지었어요. 그래야 찰지게 잘 달라붙거든요. 조와 콩도 넣고요. 거기다 전 죽염을 좀 넣어요."

"오라 그렇구나. 정월 대보름에 잡곡밥을 할 때처럼 말이냐?"

"맞아요. 그렇게 하면 밥이 잘 상하지도 않거든요."

"나도 그렇게 한번 해 먹어야겠구나."

할머니는 엄마가 지은 현미밥을 아주 맛있게 드셨습니다.

정원이네 가족은 정원이가 아토피를 앓으면서부터 흰 쌀밥을 먹지 않고 현미밥만 먹고 있습니다. 아니, 정원이네 집에는 현미만 있지 흰쌀은 아예 없습니다.

요즘 흰 쌀밥 대신 현미밥을 먹는 가정이 크게 늘고 있다. 당뇨나 고혈압 같은 병을 앓고 있는 환자나 노인들은 대부분 현미밥을 선호한다. 그렇다면 왜 이런 분들은 쌀밥 대신 현미밥을 먹는 것일까?

당연하지만 현미밥이란 현미로 지은 밥을 말한다. 그럼 현미는 무엇일까? 이제부터 자세히 알아보자.

농촌에서는 봄부터 벼농사를 짓기 시작해 가을이면 벼를 수확한다. 이 벼에서 낟알을 탈곡해 정미소에서 벼 껍질을 벗겨 찧은 것이 바로 쌀이다. 물론 현미도 똑같은 쌀이다. 다만 흰쌀은 벼 껍질을 완전히 다 벗긴 데 비해서, 현미는 껍질을 덜 벗긴 쌀을 말한다.

쌀알을 가만히 살펴보면 눈이 있다는 것을 알 수 있다. 이 쌀눈에서 봄이면 싹이 돋아난다. 하지만 흰쌀은 쌀눈까지 다 벗긴 죽은 쌀이어서 싹이 돋아나지 못한다.

그런데 껍질을 덜 벗긴 현미는 쌀눈이 그대로 살아 있다. 쌀눈이 없는 흰쌀을 물에 오래 담가두면 그대로 썩지만, 현미는 파란 싹이 돋아난다. 그래서 현미를 살아 있는 쌀이라고 부르는 것이다. 실제로 쌀의 영양분은 쌀눈에 다 있다.

예전 우리 국민은 모두 현미만을 먹고 살았다. 지금처럼 기계로 돌아가는 정미소가 없었기 때문에 농촌에서는 벼를 수확하면 물레방아나 디딜방아로 찧는 게 고작이었다. 그래서 요즘의 흰쌀처럼 껍질을 완전히 다 벗기기가 힘들었다.

이런 현미를 먹었을 때만 해도 사람들은 건강했고 병에 걸리지 않았다. 그런데 일제 강점기에 현대식 정미소가 들어오면서부터 우리는 흰쌀밥을 먹게 됐고, 가능하면 더 깨끗하고 하얀 쌀만 찾다 보니 더 깎고 깎아 희게 된 것이다.

현미밥은 몸에 왜 좋고, 흰 쌀밥은 왜 나쁠까? 현미는 무엇보다 쌀눈이 살아 있고 껍질이 많이 남아 있어 영양분이 아주 많다. 과일의 껍질에 영양분이 많은 것처럼 현미의 껍질 역시 영양분이 많은 것이다.

현미밥은 쌀밥보다 거칠고 껍질이 있어서 몸속의 작은창자와 큰창자에서 밖으로 배설이 잘 된다. 특히 큰창자의 벽은 울퉁불퉁하게 생겨서 거친 음식을 밖으로 잘 밀어낸다. 그래서 채소처럼 섬유질이 많은 거친 음식은 쉽게 변으로 빠져나간다.

하지만 흰 쌀밥이나 빵, 고기 같은 음식은 거칠지 않기 때문에 배설이 잘 안 된다. 실제로 변비를 앓고 있는 사람들을 보면 대부분 흰 쌀밥과 빵, 고기 같은 음식을 좋아한다. 따라서 항상 현미밥을 먹고 채소를 많이 섭취하는 사람은 변비 걱정을 할 필요가 없다. 배설이 너무 잘 되기 때문이다.

그렇다면 당뇨나 고혈압을 앓고 있는 사람들이 현미밥을 먹고 채소를 많이 섭취하는 이유는 무엇일까? 이 또한 변을 빨리 배설해서 몸의 신진대사를 돕기 위한 것이다.

당뇨는 핏속에 당분이 많아서, 고혈압은 핏속에 요산이 많아서 생기는 병이다. 따라서 당뇨와 고혈압 환자는 대소변을 통해 당분과 요산을 밖으로 배설해야 하는데, 장이 막혀 있으면 자연히 배설이 늦어지고 독소가 발생해 피를 더 탁하게 만든다.

현대인들이 이런 생활습관병에 많이 걸리는 이유는 음식을 못 먹어서가 아니다. 다들 잘 먹는데, 문제는 먹은 음식을 빨리 몸 밖으로 내보내지 못하는 데 있다. 그래서 현미밥의 역할이 중요한 것이다.

현미의 껍질 속에 든 피틴산Phytic Acid 섬유소는 몸속에 있는 중금속 등 유해물질의 해독과 배설을 촉진하는 매우 중요한 작용을 한다.

한때 일본의 한 산골 마을에서 사람들이 까닭 없이 병들어 죽는 일이 생겼다. 그것도 뼈가 약해지면서 녹아내리는 무서운 병이었다. 그래서 사람들은 그 병을 '이따이 이따이(아프다 아파)', 다시 말해 원인을 알 수 없는 병이라고 불렀다.

그 원인을 조사해 보니 마을 위쪽 산에 오래전에 문을 닫은 광산이 하나 있었다. 사람들은 이 폐광에서 흘러나오는 물을 먹고, 그 물로 농사를 짓고 있었다. 그런데 놀랍게도 그 물속에는 수은과 카드뮴 같은 사람에게 독이나 다름없는 중금속이 가득 섞여 있었다. 그 물 때문에 산골 마을 사람들이 그 무서운 병에 걸린 것이다.

하지만 그 마을에서 단 한 집만은 아무도 병에 걸리지 않고 가족 모두 건강했다. 이유를 알아봤더니 그 집은 오로지 현미밥만 먹고 있었다는 것이다. 즉, 현미밥이 몸속으로 들어온 무서운 중금속을 몸 밖으로 밀어낸 것이었다.

일찍이 자연건강법에 심취해서 〈삼위일체 장수법〉 등 많은 건강서를 남긴 안현필 선생은 〈공해시대의 건강법〉이라는 책에서 현미의 중요성을 그 어떤 것보다 강하게 역설하였다.

참새들이 놀고 있는 마당에 현미와 흰쌀을 접시에 담아 두면 새들은 현미부터 먹는다고 한다. 왜 그럴까? 그것은 자연에 가장 가까운 자연식을 추구하는 동물의 본능 때문이다. 또한, 현미를 쌓아 놓은 창고에 사는 쥐들은 털에 윤기가 나고 그렇게 건강할 수 없다고 한다. 반면 흰쌀을 쌓아 놓은 창고에 사는 쥐들은 마치 물에 빠진 것처럼 털이 빠져 보기가 흉하다고 한다. 이것은 무엇을 의미할까?

그래서 안현필 선생은 현미밥만 먹어도 모든 병이 사라진다고 일찍부터 외쳤다. 현미식은 자연식의 기초이므로 현미밥을 먹지 않고는 어떤 자연건강법도 모래 위에 집을 짓는 것이나 다름없다고 했다.

현미밥은 흰 쌀밥에 비해 거칠고 잘 씹히지도 않으며 입안에서 굴러다닌다며 싫어하는 사람이 많다. 특히 처음 먹는 사람일수록 거부감이 심하다. 하지만 입맛보다는 건강을 생각해야 한다. 한번 현미밥에 길들여지면 그렇게 맛있을 수가 없고 그때부터 쌀밥은 일절 먹을 수가 없게 된다.

그렇다면 어떻게 해야 현미밥을 맛있게 지어 먹을 수 있을까?

먼저 현미와 현미 찹쌀, 콩, 수수, 조 등 오곡을 준비하고 7~8시간 물에 담가 불린 후 압력밥솥으로 짓는다. 현미와 현미 찹쌀을 5대 5 비율로 해서 넣고 지어야 밥이 찰지고 입에 착 달라붙는다.

그리고 밥을 지을 때마다 죽염을 조금 넣는다. 이렇게 하면 밥맛이 달짝지근하고 그렇게 맛있을 수가 없다. 마치 음력 정월 보름날 잡곡밥을 할 때 소금을 약간 넣으면 맛이 조금 짭조름하면서도 달짝지근한 것처럼 말이다. 또 죽염을 넣어 밥을 지으면 오래 두어도 잘 변하지 않는다.

현미밥을 먹을 때 현미의 영양분을 충분히 섭취하기 위해서는 오래 꼭꼭 씹어서 먹어야 한다. 영양분이 가장 많이 들어 있는 현미의 씨눈을 먹어야 하기 때문이다.

현미밥이 왜 좋은지, 어떻게 해야 맛있게 지을 수 있는지 숙지하고 생활 속에서 꼭 실천하자.

현미에 대한 진실과 오해

Q 흰쌀과 현미는 어떻게 다른가요?

A 흰쌀은 껍질을 완전히 다 벗겨 깨끗하고 하얗지만, 현미는 껍질이 덜 벗겨져 갈색이 나며 거칩니다. 또한, 흰쌀은 영양분이 가장 많은 쌀눈이 벗겨져서 없지만, 현미는 쌀눈이 살아 있습니다. 그리고 흰쌀은 물에 오래 담가두면 썩지만, 현미는 싹이 돋을 만큼 생명력이 강합니다.

Q 현미밥이 쌀밥보다 왜 좋은가요?

A 현미의 쌀눈과 껍질 속에는 영양분이 많이 들어 있어서 몸을 튼튼하게 하며, 껍질은 장의 배설 운동을 원활하게 합니다. 또한, 현미의 껍질 속에 든 피틴산이 몸속으로 들어온 중금속 등 유해물질을 해독하고 몸 밖으로 밀어냅니다.

Q 현미밥을 맛있게 지으려면 어떻게 해야 하나요?

A 현미와 찹쌀 현미를 반반씩 넣고 콩, 수수, 조 등의 오곡을 넣어 7~8시간 물에 불립니다. 그리고 죽염을 조금 넣어 약간 짭조름한 맛이 나게 합니다. 현미밥은 압력밥솥으로 지어야 찰지고 입에 착 달라붙습니다.

핵심 포인트

현미의 영양가는 흰쌀과 비교할 수 없다. 현미는 물에 두어 번 씻으면 깨끗해지지만, 흰쌀은 서너 번 씻어도 뿌연 쌀뜨물이 나온다. 쌀 속에 들어 있는 진짜 좋은 영양분이 빠져나오는데 이 쌀뜨물을 대부분 버리게 되니 흰쌀밥이야말로 영양분이 거의 없다고 할 수 있다.

가장 중요한 것은 현미의 뛰어난 배설 능력이다. 당뇨와 고혈압 환자는 물론 변비가 심한 사람도 현미밥을 먹으면 증상이 개선된다. 요즘처럼 공기 속에 중금속 등 유해물질이 많이 떠다니는 공해시대에는 현미밥을 먹는 것만이 건강을 지켜줄 수 있다.

지금 먹고 있는 흰쌀밥을 당장 100% 현미밥으로 바꾸기가 힘들다면 현미를 조금씩 섞어 밥을 지어 먹으면서 현미의 비중을 점차 늘려나가는 것도 좋다. 이때 현미는 거칠기 때문에 현미 찹쌀을 꼭 넣어서 지어야 찰지고 맛있다는 점을 잊지 말아야 한다. 이것을 모른 채 현미와 오곡으로만 밥을 지었다가 거칠다고 실망하여 그 후로 현미밥을 멀리하는 사람이 많다.

학교 급식도 일주일에 한 번 정도 학생들에게 현미밥을 제공하고 점차 횟수를 늘려가는 방안을 검토해야 한다. 현미밥의 중요성을 가르치고 제공하면 흰쌀밥을 먹는 아이들에 비해 우월감이 커져 호응도가 더욱 높아질 것이다. 이는 군대 급식도 마찬가지이다.

현미는 쌀의 껍질 채 먹는 것이기 때문에 우리 국민이 현미밥으로 식단을 바꾸면 많은 양의 식량이 절약될 것이다. 무엇보다 부모들은 사랑하는 자녀들이 평생 건강한 삶을 살아갈 수 있도록 어려서부터 현미밥을 먹는 습관을 길들이는 것이 중요하다.

비만과 병을 부르는 기호 식품

_ 라면이나 스낵 식품이 우리 몸에 왜 좋지 않을까?

"

정원이와 친구들이 미영이 집에 모여서 공부를 하고 있습니다. 한참 동안 공부를 하고 있는데 미영이가 말했습니다.

"얘들아, 배고픈데 우리 뭐 사 먹고 공부할까?"

그러자 아이들은 기다렸다는 듯이 서로 맞장구를 칩니다.

" 뭐 사 먹을까? 난 컵라면 먹고 싶어!"

"나도!"

"정원이 너는?"

아이들이 정원이에게 물었지만, 정원이는 라면을 먹지 않습니다. 그래서 정원이는 이렇게 말했습니다.

"난 괜찮아. 배 안 고프거든."

"그럼 우리끼리 사 먹자."

아이들은 우르르 뛰어나가 편의점에서 컵라면과 스낵 과자를 사와 맛있게 먹기 시작했습니다.

"정원아, 너도 먹어 봐. 정말 맛있어."

"정말 배 안 고프다니까."

"그럼 이 과자나 먹어."

"고마워."

하지만 정원이는 스낵 과자도 먹지 않습니다. 왜 정원이는 친구들이 맛있게 먹는 라면과 스낵 과자를 먹지 않는 것일까요?

정원이가 라면과 스낵 과자를 싫어하는 것은 두말할 것도 없이 두 가지 모두 먹어서는 안 될 정크 식품이기 때문이다. 왜 이 식품들이 나쁜지는 대부분 어느 정도는 알고 있을 것이다.

라면의 면을 만드는 재료는 방부제가 든 수입 밀가루이다. 거기다 라면의 스프와 스낵 식품의 짠맛을 내는 소금은 당연히 먹어서는 안 될 정제염이다. 특히 라면 스프는 정제염을 많이 넣어 여간 짠 게 아니다. 짜게 먹지 말라고 하면서 몸에 해로운 정제염을 많이 넣어 만드는지 이해가 되지 않는다.

이처럼 짜게 먹으니 당연히 물을 많이 마시게 되며, 라면을 먹고 난 후면 몸이 붓는 사람이 많은 것도 바로 이 때문이다. 또한, 라면의 스프와 스낵 식품에는 우리 몸에 해로운 감미료와 화학조미료 그리고 인공색소가 들어 있다.

'인공'이라는 두 글자가 들어간 식품첨가물은 자연 그대로가 아님을 뜻하기 때문에 무조건 나쁘다고 보면 된다. 특히 1회용 컵라면은 뜨거운 물을 부을 때 용기에서 환경호르몬이 나와 몸에 더 해롭다는 것은 이미 널리 알려진 사실이다.

라면이 몸에 좋지 않은 매우 중요한 사실이 있다. 라면은 밀가루를 기계로 반죽해서 가는 면을 만든 다음 네모나 동그란 모양을 만들어 식용유에 튀겨 만든다. 그런데 이처럼 면을 기름에 튀기면 원래 밀가루 속에 들어 있는 영양소인 '전분'이 순식간에 기름, 다시 말해 지방분으로 바뀐다.

아이들이 즐겨 먹는 감자 스낵만 하더라도 마찬가지이다. 감자는 그 자체가 전분 덩어리이다. 그런데 구운 감자는 지방이 1%밖에 되지 않지만, 식용유에 튀기면 금방 40%를 넘는다. 식용유에 튀긴 감자 스낵은 감자가 아니라 이미 기름 덩어리로 변한 것이다. 옥수수나 고구마 등으로 만든 비슷한 스낵 식품들도 마찬가지이다. 이렇게 식용유에 튀겨 만든 가공식품들은 기름 성분이 많이 들어 있어서 불을 붙이면 활활 탄다.

아이들이 날마다 맛있다며 사 먹는 먹거리가 불을 붙이면 활활 탈 정도의 기름 덩어리라면 믿어질까? 이런 식품을 어른, 아이 할 것 없이 아무런 생각 없이 먹고 있다는 것은 정말 끔찍한 일이다.

이것이 바로 문제가 되는 트랜스지방이다. 사람들이 먹는 트랜스지방의 대부분은 식물성 기름이 수소화 과정을 거치면서 생겨난 것이다. 트랜스지방이 혈관에 쌓이면 심장과 혈관 계통에 각종 병을 가져오고, 또 많이 먹게 되면 당뇨와 암 같은 병에 걸리는 것으로 알려져 있다.

트랜스지방이 인체에 미치는 해악이 이처럼 크기 때문에 선진국일수록 트랜스지방이 함유된 식품의 유통을 금지하고 있다. 우리나라의 경우 이미 지난 2004년부터 트랜스지방 함유량이 2%를 넘는 가공식품은 일체 유통을 금지했을 정도이다. 식용유에 튀긴 식품은 그렇지 않은 식품보다 열량과 칼로리가 두 배나 많다. 라면이나 스낵을 많이 먹는 아이들이 살이 많이 찌는 것도 이 때문이다.

요즘 아이들을 보면 예전보다 키와 몸무게가 많이 늘어났지만, 걱정스러운 것은 열 명 중 두 명이 비만이라는 사실이다. 비만인 아이들의 대부분이 간에 이상이 있고, 핏속에 지방질과 당분이 너무 많으며, 심지어 고혈압까지 앓고 있는 것으로 나타났다. 이보다 더 무서운 것은 아이일 때 비만이면 어른이 돼서도 비만이 될 가능성이 크다는 점이다. 사랑하는 아이들이 커서도 계속 뚱뚱한 몸으로 살아야 한다는 것은 생각만 해도 끔찍한 일이 아닌가.

그럼 라면도 스낵도 먹지 말라면 도대체 무엇을 먹으라는 말이냐고 묻는 사람도 있을 것이다. 대답은 간단하다. 우리 밀가루로 만든 라면과 빵, 과자를 먹으면 된다. 실제로 국내 우리 밀 생산단체와 가공공장에서는 우리 밀가루로 만든 라면과 국수, 통밀빵, 건빵, 과자 등의 다양한 먹거리를 개발해서 판매하고 있다. 단지 사 먹는 사람이 많지 않으니까 판매하는 곳이 적고, 또 다양하게 많이 만들지 못하는 것뿐이다.

요즘 아이들의 먹거리가 문제 되자 식용유에 튀기지 않고 현미나 조청 등의 자연 그대로의 재료를 사용해 만든 과자도 많이 나오고 있다. 현명한 부모라면 자녀에게 꼭 이런 과자를 사다 주고 먹도록 해서 유해 가공식품으로부터 보호해야 한다. 감자나 고구마, 옥수수를 그냥 삶거나 구워 먹는 것도 좋은 방법이다.

건강을 생각해서 가족 모두가 20세기 먹거리로 되돌아가야 한다. 이는 가족끼리, 또는 선생님과 학생들끼리 진지한 토론과 설득, 반복된 주입교육 등에 의해 가능하다.

라면과 스낵 식품에 대한 진실과 오해

Q 라면이 왜 우리 몸에 안 좋은가요?

A 면을 방부제가 든 수입 밀가루로 만들고, 식용유에 튀겨서 지방과 열량이 많아 비만을 불러옵니다. 스프에는 정제염과 감미료, 화학조미료가 들어 있고, 컵라면은 우리 몸에 해로운 환경호르몬이 나옵니다.

Q 스낵 식품은 왜 우리 몸에 안 좋은가요?

A 식용유에 튀기면 원래의 영양분이 사라지고 지방으로 변하며, 열량이 많아 비만에 걸리게 합니다. 또한, 정제염과 감미료, 화학조미료, 인공색소를 사용하기 때문입니다.

Q 현재 어린이의 비만은 어느 정도이며 왜 무서운가요?

A 우리나라 어린이 열 명 중 두 명이 비만입니다. 비만인 아이들의 대부분이 간에 이상이 있고, 핏속에 지방질과 당분이 너무 많으며, 고혈압까지 앓고 있습니다. 어린이 비만은 어른이 돼서도 계속 비만으로 이어질 가능성이 큽니다.

핵심 포인트

라면에 길들여진 사람은 아무리 몸에 해롭다고 해도 라면을 당장 끊기가 힘들고, 아이들의 경우는 말할 것도 없다. 하지만 라면은 방부제가 든 수입 밀가루와 정제염, 조미료, 트랜스지방 등 우리 몸에 해로운 물질들로 만들어져 있으므로 먹으면 몸에 해로운 식품이라는 사실을 확실히 알아야 한다.

스낵 식품 또한 전분이나 본래의 영양소가 파괴되고 변질된 트랜스지방 식품이 대부분으로 어른들은 물론 아이들이 먹어서는 안 될 해로운 것이다. 이 같은 사실을 스낵 식품을 좋아하는 아이들에게 정확히 교육해서 아이 스스로가 멀리하는 풍조를 만들어야 한다.

학교와 군대 매점에서도 청량음료와 마찬가지로 해로운 라면과 스낵 제품을 추방하고 그 자리에 우리 밀로 만든 라면과 스낵 식품을 채워야 한다. 이와 함께 건강 먹거리 산업을 발전시켜야 한다.

우리 밀로 만든 라면과 스낵 식품이라고 할지라도 정제당과 정제염, 화학조미료, 기타 식품첨가물을 사용한 제품은 절대 안 된다.

자라나는 아이들이 튀긴 감자보다는 삶거나 구운 감자, 삶은 옥수수, 볶은 콩과 같은 자연 그대로의 먹거리를 스스럼없이 가까이할 수 있도록 의식 자체를 바꿔주는 자연건강법과 건강 먹거리 교육을 강화해야 한다.

몸을 망치는 패스트푸드

_ 패스트푸드가 우리 몸에 왜 좋지 않을까?

“

오랜만에 정원이네 집에 사촌들이 모였습니다. 모두 유치원과 초등학교에 다니는 아이들입니다.

“너희들 뭐 먹고 싶니?”

“전 피자요!”

“햄버거요!”

“치킨 시켜주세요!”

그러자 엄마가 말씀하셨습니다.

“너희는 왜 그런 패스트푸드를 좋아하니? 탕수육은 어때?”

“난 피자가 좋은데….”

“좋아요. 탕수육 시켜주세요.”

"알았다. 조금만 기다려라."

하지만 엄마는 탕수육을 중국집에 시키지 않고 직접 만들기 시작합니다. 당연히 우리 밀가루를 사용하고, 탕수육에 들어가는 돼지고기는 콩고기나 밀고기로 대신합니다.

콩고기는 콩가루를 재료로, 밀고기는 밀가루를 재료로 해서 고기처럼 만든 것입니다. 둘 다 돼지고기처럼 쫄깃쫄깃하면서 맛이나 씹는 느낌도 똑같습니다. 영양분도 최고입니다.

"자, 탕수육 먹자!"

아이들은 엄마가 만든 탕수육을 내놓자 중국집에서 배달시킨 것인 줄 알고 우르르 달려들어 먹기 시작합니다.

"어떠니 맛이?"

"좋아요! 너무 맛있어요!"

엄마가 만든 탕수육에는 고기나 설탕, 정제염, 화학조미료가 하나도 들어가지 않았습니다.

이렇게만 먹는다면 아이들의 건강이 나빠질 리 전혀 없을 것입니다. 그런데 요즘 아이들은 왜 그렇게 패스트푸드를 좋아할까요?

"

지난 2003년 전 세계적으로 '슈퍼 사이즈 미Super Size Me'라는 영화가 큰 관심을 끈 적이 있었다. 모건 스펄록Morgan Spurlock이라는 사람이 감독을 맡고 주연까지 한 이 영화는 패스트푸드가 사람의 몸에 얼마나 나쁜지 고발하는 영화였다. 모건 스펄록은 직접 몸에 해로운 햄버거와 피자, 콜라 같은 패스트푸드를 마구 먹으면서 변해가는 자신의 모습을 하나하나 영화로 찍었다.

놀랍게도 영화를 찍기 시작할 때 84kg이었던 몸무게가 한 달 만에 11kg이나 늘어났다. 그리고 피가 탁해지기 시작해 건강이 위험할 정도가 됐다.

이 영화를 본 사람들은 하나같이 경악했다. 세상에, 우리 아이들이 즐겨 먹고 패스트푸드가 이렇게 무섭다니! 믿을 수 없었던 것이었다.

그러자 2004년 우리나라에서도 한 환경운동가가 이 영화의 주인공처럼 패스트푸드만 먹으며 한 달을 지내보기로 하고 실행에 들어갔다. 하지만 24일째가 되자 간이 크게 나빠지면서 심장까지 악화할 염려가 있어 의사들의 만류로 중단하고 말았다.

우리 아이들이 너무나 좋아하는 햄버거와 피자 같은 패스트푸드가 왜 이렇게 몸에 나쁠까? 이처럼 몸에 나쁜데도 불구하고 사람들은 왜 패스트푸드를 사 먹고, 또 열심히 만들어서 팔고 있을까? 참 재미있는 세상이 아닐 수 없다.

햄버거와 피자 같은 패스트푸드가 왜 나쁜지는 더는 새삼스럽게 설명할 필요가 없을 것이다. 이미 많이 설명했듯이 방부제가 든 수입 밀가루와 정제염, 설탕, 방부제가 든 사료를 먹여 키운 고기, 항생제와 호르몬제가 든 우유로 만든 치즈, 무정란 등을 재료로 해서 만들기 때문이다.

패스트푸드는 지방질이 너무 많고 열량은 지나치게 높은 것에 비해 정작 우리 몸에 필요한 섬유질이나 칼슘, 비타민은 매우 적다. 그래서 패스트푸드가 비만뿐만 아니라 고혈압과 고지혈증, 변비 같은 병을 부르는 것이다. 실제로 어린 나이에 이런 병에 걸린 아이들은 하나같이 패스트푸드를 좋아하고 뚱뚱하다. 특히 식용유에 튀긴 패스트푸드의 트랜스지방은 인체의 혈관에 병을 가져오며 당뇨와 암에 걸릴 위험성이 높아진다.

이런 패스트푸드를 먹고 건강하기를 바란다는 것이 도대체 있을 수 있는 일인가.

패스트푸드란 원래 '빨리 먹을 수 있는 식품', 간편하게 먹을 수 있는 '즉석식품'이라는 뜻이다. 언제 어디서나 서서, 그리고 일하면서, 차 안에서, 걸어가면서 빨리 먹을 수 있는 음식이 패스트푸드인 것이다.

그런데 사람들이 편리함을 추구해 너도나도 몸에 해로운 패스트푸드를 좋아하고 많이 먹다 보니 몸이 뚱뚱해지면서 각종 병에 걸리고 있다. 이밖에도 패스트푸드가 안고 있는 문제점은 너무 많다.

패스트푸드가 워낙 대량으로 소비되다 보니 재료가 되는 소나 돼지, 닭을 자연에서 키우지 않고 공장에서 물건 만들어 내듯이 사료를 먹여 대량으로 키운다. 공장식 축사에서 가축을 키우는 데에는 전 세계적으로 엄청난 양의 사료, 다시 말해 곡물이 들어간다.

광우병 수입 소도 모두 공장식 축사에서 키운 소들이다. 소에게 곡물

사료를 먹이지 않고 동물 사료, 죽은 소를 사료로 만들어 먹이기 때문에 광우병이 생겨난 것이다.

아프리카의 어려운 나라에서는 아이들이 먹을 것이 없어 굶어 죽거나 영양실조에 걸려 신음하고 있는데, 공장식 축사에서는 고기나 우유, 달걀을 얻기 위해서 귀한 곡물을 사료로 쓰고 있다. 목장에서 젖소 한두 마리에게 먹이는 옥수수 등의 곡물을 아낀다면 아프리카 어린이 열 명쯤은 배고픔을 면할 수 있을 것이다.

또한, 가축을 많이 키우다 보니 풀밭을 만들기 위해 산의 나무를 베어 산림이 황폐해지고, 가축이 배설하는 똥오줌이 하천과 강, 바다를 오염시키고 있다.

패스트푸드는 이처럼 사람의 건강뿐만 아니라 자연생태계까지 훼손하고 파괴하는 결과를 초래하고 있다.

그럼 패스트푸드가 이렇게 나쁘다면 우리는 무엇을 먹어야 할까? 그것은 앞서 강조했듯이 사람들이 20세기 초에 먹었던 곡채류 위주의 거친 음식, 우리 할아버지와 할머니가 드셨던 음식인 슬로우푸드를 먹어야 한다.

패스트푸드가 빨리 먹는 식품, 즉석식품이라면, 슬로우푸드는 천천히 먹는 음식, 발효시켜서 먹는 음식이라는 뜻이다. 대표적인 슬로우푸드가 바로 김치나 된장, 고추장, 젓갈 같은 발효식품이다.

지금은 대기업 식품회사들이 된장이나 고추장을 화학적인 공법으로 금방 발효시키지만, 예전 우리 조상들은 반드시 1년 이상 발효시켜 먹었다. 김치도 늦가을에 담가 충분히 발효시켜가면서 이듬해 봄까지 먹었다.

요즘은 이런 발효식품을 찾아보기 힘들다. 모든 것을 빨리빨리! 세상이 하도 빠르게 돌아가니 정신이 하나도 없고 느림의 여유가 없는 것이다. 그래서 패스트푸드를 먹으면 성격도 덩달아 급해지고 충동적으로 된다.

짧은 시간에 빨리 먹으니까 소화도 충분히 안 되고 배설도 잘 되지 않아 패스트푸드를 즐겨 먹는 사람들은 변비에 걸리기 일쑤이다. 변비에 걸리다 보면 모든 것이 짜증스럽고, 걸핏하면 화를 내며 폭력적으로 되면서 조그만 일에도 시비를 걸고 싸움을 하게 되는 것이다.

하지만 현미밥에 김치, 싱싱한 채소와 된장, 고추장, 나물 등 슬로우푸드를 먹는 사람들은 느긋하고 여유가 있으며 심성도 자연스럽게 평화롭게 된다.

이제는 패스트푸드와 빨리빨리를 버려야 한다. 슬로우푸드와 슬로우로 행동뿐만 아니라 육체와 정신의 발효가 필요한 시대이다.

패스트푸드에 대한 진실과 오해

Q 패스트푸드가 왜 우리 몸에 안 좋은가요?

A 방부제가 든 수입 밀가루와 정제염, 설탕, 감미료, 화학조미료를 사용합니다. 패스트푸드는 식용유에 튀겨서 성질이 지방으로 바뀌고, 트랜스지방이 많기 때문에 심장과 혈관 계통의 질환, 당뇨, 암 등 각종 질병에 걸리기 쉽습니다. 또한, 열량이 많아 비만에 걸리게 하고 고혈압과 고지혈증, 변비 등에도 걸리기 쉽습니다.

Q 사람들이 패스트푸드를 많이 찾다 보니 어떤 일이 생겼나요?

A 가축을 자연에서 키우지 않고 공장에서 물건을 만들어 내듯이 대량으로 사료를 먹여 키웁니다. 아프리카 어려운 나라의 아이들은 영양실조로 신음하고 있는데, 고기와 우유, 달걀을 얻기 위해 그 소중한 곡물을 가축의 사료로 사용합니다. 그뿐만 아니라 풀밭을 만들려고 나무를 베고, 가축의 똥오줌이 하천과 강, 바다로 흘러들어 자연생태계를 훼손하고 파괴합니다.

Q 패스트푸드 대신 먹어야 할 슬로우푸드는 어떤 식품인가요?

A 곡채류 위주의 우리 할아버지 할머니가 드셨던 20세기 초의 음식입니다. 된장과 고추장, 김치, 젓갈처럼 발효시킨 식품이며, 현미밥과 통밀가루 싱싱한 채소, 나물처럼 거칠고 천천히 먹는 음식입니다.

핵심 포인트

패스트푸드는 먹어서는 안 될 다섯 가지 재료와 방부제, 항생제, 호르몬제가 든 고기, 트랜스지방 등이 들어 있는 대표적인 정크 식품이다. 이런 식품이 몸 안으로 들어오면 비만은 물론 아토피를 일으키는 알레르겐이 되고, 피를 탁하게 만들어 고지혈증이나 암을 일으키는 원인이 될 수 있다.

패스트푸드와 함께 먹는 콜라 역시 설탕과 캐러멜, 카페인, 인산 등이 들어 있어서 인체에 더욱 해를 끼치는 것은 두말할 필요가 없다. 우리나라에서는 패스트푸드에 비해 탄산음료의 독성이 덜 알려졌지만, 의학자들은 탄산음료가 치아 손상, 비만, 뼈 손실 등을 불러올 수 있다고 경고하고 있다.

패스트푸드는 무엇보다 배설이 잘 안 되는 식품으로 변비와 그에 따른 각종 부작용을 가져온다, 실제로 미용과 다이어트 때문에 끼니를 자주 거르고 패스트푸드나 빵, 스낵류 등을 사 먹는 여고생과 직장 여성들의 변비는 매우 심각한 실정이다.

패스트푸드를 슬로우푸드로 바꾸기만 해도 즉시 몸의 기능이 좋아진다. 즉, 현미밥과 김치, 싱싱한 채소를 먹으면 배설이 잘 돼서 변비가 개선되고 머리가 맑아진다. 또한, 피가 깨끗해져서 아토피와 고지혈증, 암과 같은 병에 걸릴 가능성이 매우 낮아진다.

패스트푸드가 우리 몸에 왜 해로운지 알았다면 패스트푸드를 찾는 아이들에게 정크 식품이므로 먹으면 안 된다는 말을 자꾸 주지시켜야 한다. 그래서 패스트푸드는 정크 식품이라는 도식을 머릿속에 각인시켜서 아이들이 패스트푸드를 먹을 때마다 꺼림칙한 기분이 들게 만들어야 한다. 이것이 우리 아이들의 건강을 지킬 수 있는 길이다.

학교에서도 선생님이 패스트푸드를 만드는 재료 하나하나가 우리 몸에 무엇이, 어떻게 나쁜지를 가르쳐서 무의식적으로 기피하게 만들어야 한다. 학교 급식 또한 이미 의식 있는 학교들에서 친환경 자연식 위주로 바꿔나가고 있지만, 장차 모든 학교가 학생들에게 슬로우푸드를 제공할 수 있도록 만들어야 한다.

양계장의 불쌍한 닭들

_ 시중에서 파는 닭고기와 달걀이 우리 몸에 왜 좋지 않을까?

“

엄마는 정원이를 데리고 싱싱한 제철 채소를 사기 위해 재래시장에 갔습니다.

요즘 어느 채소든 온실재배가 가능해져 사시사철 온갖 채소가 나오지만, 제철에 밭에서 햇볕을 받고 자란 채소가 최고입니다. 온실에서 재배한 채소는 이미 땅심이 사라졌거나 비료와 농약으로 오염이 돼서 좋지 않기 때문입니다.

엄마와 정원이가 시장 입구에 도착해서 보니 한 아저씨가 작은 트럭에 생닭을 가득 쌓아 놓고 팔고 있었습니다.

“토종닭 사세요. 토종닭! 세 마리에 5천 원입니다. 토종닭이 세 마리에 단돈 5천 원!”

그것을 본 정원이가 엄마에게 물었습니다.

“엄마, 닭이 왜 이렇게 싸요? 세 마리에 5천 원이래요.”

“세상에나 저런 폐닭을 어떻게 먹으라고.”

“폐닭이 뭔데요?”

“응, 그건 양계장에서 알을 낳다가 늙어서 알을 낳지 못하니까 쓸모가 없어진 닭을 말하는 거란다.”

“그래서 값이 저렇게 싼가 봐요. 그런데 저 닭을 먹어도 돼요?”

“글쎄 말이다. 하지만 너희들이 좋아하는 기름에 튀긴 치킨도 저런 닭으로 만들지 말라는 법이 어디 있니?”

“네?”

정원이는 깜짝 놀랐습니다. 친구들이 맛있게 먹는 치킨을 저런 닭으로 만들지 모른다는 생각에 가슴이 덜컥했습니다.

“에이, 설마요?”

하지만 엄마 말씀처럼 세 마리에 5천 원 하는 저 닭으로 아이들이 먹는 치킨을 만들지 말란 법은 없습니다. 그리고 누군가는 저 닭을 사 먹을 것이 틀림없습니다. 과연 이런 닭을 먹어도 되는 것일까요?

시장 입구뿐만 아니라 동네 골목길에서도 작은 트럭에 닭을 싣고 다니며 “토종닭이 세 마리에 5천 원!”이라고 외치며 파는 사람을 흔히 볼 수 있습니다. 세상에, 토종닭이 세 마리에 5천 원이라는 것이 말이 되나요? 그 생닭 가운데는 값싸게 수입된 것이 있을지 모르지만 그래도 있을 수 없는 가격입니다.

그렇다면 이 닭들은 어디서 왔으며 어디로 가고 누가 먹을까요? 혹시 우리 아이들이 즐겨 먹는 기름에 튀긴 치킨을 설마 이런 닭으로 만드는 것은 절대 아니겠죠? 그럼 이제부터 자세히 알아봅시다.

예전에는 닭을 집 안에 풀어놓고 키웠다. 이른 봄이면 어미 닭이 품고 있던 알에서 태어난 노란 병아리들이 종종걸음으로 어미 닭을 따라다니며 모이나 벌레를 주워 먹고 자랐다. 닭들의 먹이는 주인이 뿌려주는 쌀알 부스러기 같은 모이와 풀, 채소 잎사귀 그리고 흙 위를 기어 다니거나 흙 속에서 사는 지렁이 같은 벌레 종류였다.

이 토종닭은 참 건강했다. 수탉은 새벽이면 홰를 치며 "꼬끼오!" 하고 울면서 날이 곧 밝아온다는 것을 사람에게 알렸다. 사람은 시계가 없어도 수탉의 울음소리만 듣고 아침이 찾아온 줄을 알았다.

암탉은 하루에 하나씩 알을 낳아 사람들에게 소중한 영양분을 제공했다. 이것이 앞서 말한 수탉과 사랑을 해서 낳은 유정란이다.

닭고기도 매우 맛있었으며 영양분도 풍부했다. 고기는 지금의 닭처럼 푸석푸석하지 않고 쫄깃쫄깃하면서도 단맛이 절로 났다. 이 시절만 해도 닭이 매우 귀해서 닭고기를 먹는 것은 생일이나 명절, 잔칫날이 아니면 힘들었다.

이것이 바로 진정한 토종닭이다. 사실 그때는 토종닭이라는 말 자체가 없었다. 모든 닭을 이렇게 키웠으니까.

그런데 언제부터인가 닭고기의 소비가 늘면서 번식력이 강한 외국 닭의 종자가 들어왔다. 사람들은 이 닭이 낳은 달걀을 인공적으로 부화시켜 대량으로 키우기 시작했다. 그러자 원래의 닭들은 찾아보기 힘들어졌고, 그때부터 그 닭들을 토종닭이라고 부른 것이다.

토종닭은 마당이나 밭에서 뛰어다니며 자라고, 먹이도 많이 먹지 않기 때문에 자라는 속도가 느려서 1년 이상 키워야 한다. 자연히 귀할 수밖에 없으며, 값 또한 비싼 편이다. 그런데 그런 토종닭이 세 마리에 5천 원? 그럼 이 닭들은 어디서 왔을까? 그것은 닭을 대량으로 키우는 양계장에 가 보면 금방 알 수 있다.

닭고기의 소비가 급증하자 수천, 수만 마리의 닭을 키우는 대형 양계장이 늘어나기 시작했다. 이렇게 많은 닭을 키우려면 수입 사료를 먹일 수밖에 없다.

양계장에서는 닭들을 빨리 키워서 빨리 알을 낳게 하고, 또 고기를 팔려고 사료에 성장촉진제를 섞는다. 사람들이 즐겨 먹는 삼계탕용 조그마한 닭은 이렇게 성장촉진제를 먹여 속성으로 키운 것이다.

그런가 하면 양계장에서는 닭들이 알을 많이 낳게 하려고 밤에도 불을 환하게 켜서 잠을 자지 못하게 만든다. 낮인지 밤인지 분간하지 못하게 해서 계속 알을 낳게 하려고 불을 대낮처럼 환하게 켜놓는 것이다.

이처럼 수천, 수만 마리의 닭을 층층이 철망으로 만든 닭장 안에 가두고 키우다 보면, 닭들은 운동도 못 하고 서로 부대끼며 사니까 자연히 병에도 잘 걸릴 수밖에 없다. 그래서 닭에게 먹이는 것이 항생제이다. 만약 전염병이라도 돌아서 떼죽음을 당하면 그야말로 큰일이니까.

비좁은 닭장 안에서 잠도 자지 못한 채 계속 알을 낳아야 하고, 운동도 못 하니 스트레스는 쌓일 대로 쌓인 닭들은 얼마나 갑갑할까? 닭도 귀한 생명체인데 닭에게 정말 못할 짓을 한다는 생각이다.

하지만 매정한 사람들은 닭들이 더는 알을 낳지 못하면 즉시 폐닭으로 팔아넘긴다. 불쌍한 닭들은 알에서 깨어나 죽는 순간까지 방부제와 성장촉진제, 항생제가 섞인 모이를 먹고, 사랑 한번 해 보지 못한 채 무정란만 낳다가 쓸모가 없게 되자 도축돼 팔려가는 것이다.

그렇다면 혹시 우리가 즐겨 먹고 있는 기름에 튀긴 치킨이 바로 이런 닭으로 만드는 것은 아닐까. 설령 폐닭이 아니더라도 어쨌든 양계장에서 이렇게 키우고 있는 닭으로 만들고 있다는 사실만큼은 분명하다.

정말 놀라운 사실이 있다. 예전에 토종닭이 낳은 달걀은 열흘 정도가 지나면 곪고 말았다. 썩어서 못 먹는다는 이야기이다. 하지만 요즘 양계장에서 나온 달걀은 한 달이 돼도 썩지 않는다. 그 이유가 무엇일까? 그것은 닭이 먹은 사료 속에 든 방부제와 항생제 때문이다. 방부제와 항생제가 든 사료를 먹었으니 그 닭이 낳은 달걀 역시 썩지 않는 것이 당연하다. 달걀은 열흘 정도가 지나면 썩기 때문에 먹지 못하는 것이 정상이며, 한 달이 지나도 썩지 않는 달걀이 오히려 문제이다.

하지만 우리는 이런 사실을 전혀 모르고 있거나 알면서도 무심코 방부제 사료와 성장촉진제 그리고 항생제를 먹인 닭고기와 달걀을 먹고 있다. 생각만 해도 정말 무서운 일이다.

그렇다면 닭고기를 너무 좋아하고 기름에 튀긴 치킨도 먹고 싶은데 어떻게 해야 하느냐고 묻는 사람이 많을 것이다. 대답은 간단하다. 예전처럼 집 마당이나 밭에 풀어놓고 키운 토종닭만 먹는 것이다. 물론 이 토종닭은 값이 비싸다. 하지만 소비자들이 양계장의 닭을 일절 먹지 않고 토종닭만 먹으려 한다면 농촌에서는 더 많은 토종닭을 키우게 될 것이다. 그러면 구하기도 쉽고 가격도 더 싸질 것이 분명하다. 더불어 농가 소득도 늘어나 큰 도움도 될 것이다.

중요한 것이 하나 더 있다. 토종닭 구하기가 어렵고 비싸다면 지금보다 닭고기를 덜 먹는 것이다. 하루 이틀이 멀다 하고 해로운 양계장 닭을 먹어서 병에 걸리지 말고, 그 돈을 아껴서 한 달에 두세 번만 온 가족이 토종닭을 먹는 것이다. 중요한 것은 양보다 질이다.

이 글에 대해 양계장과 닭고기 판매업소, 가공식품 업체들이 반발할 수 있다. 하지만 이 모든 이야기는 사실이 아닌가. 비난하기보다는 현재의 실상을 인정하고 좋은 닭, 건강한 닭고기를 소비자에게 공급하기 위해 노력하는 자세가 필요하다,

소비자는 누구나 건강한 먹거리를 먹을 권리가 있고, 생산, 판매업소는 소비자에게 건강한 먹거리를 제공할 의무가 있는 것이다.

닭고기에 대한 진실과 오해

Q 양계장에서 키우는 닭들이 왜 불쌍한가요?

A 좁은 철망 안에 수천, 수만 마리씩 가둬놓고 운동도 안 시키면서 키우다 보니 스트레스가 쌓일 대로 쌓입니다. 밤에도 알을 많이 낳도록 대낮처럼 불을 환하게 켜서 잠을 재우지도 않습니다. 그뿐만 아니라 성장촉진제를 먹여 빨리 키운 후 삼계탕용으로 팔고, 알을 더는 낳지 못하면 도축해서 폐닭으로 처분합니다.

Q 양계장의 닭고기는 어떤 문제가 있나요?

A 방부제와 항생제, 성장촉진제가 든 사료를 먹고 자라기 때문에 사람이 먹으면 몸속에 독소가 쌓여 아토피와 암 같은 병의 원인이 됩니다. 또한, 운동도 하지 않고 스트레스를 받고 자라면서 알만 낳기 때문에 고기가 푸석푸석하고 맛이 없습니다. 달걀은 한 달이 지나도 썩지 않고 모두 무정란입니다.

Q 그렇다면 우리는 닭고기를 어떻게 먹어야 하나요?

A 값이 조금 비싸더라도 토종닭을 먹습니다. 우리가 토종닭만 찾으면 농가에서도 더 많은 토종닭을 길러 값이 내려갈 것입니다. 그리고 영양 과잉으로 각종 병이 생기는 시대인 만큼 한 달에 두세 번만 토종닭을 사서 맛있게 요리해 먹습니다. 달걀도 건강한 먹이를 먹고 자란 닭이 낳은 유정란을 먹습니다.

핵심 포인트

양계장에서 대량으로 사육되고 있는 닭들은 사료와 사육 환경 등에 많은 문제가 있고, 이런 닭들에게서 나온 달걀까지 포함해 먹어서는 안 될 분명한 정크 식품이다.

하지만 사람들은 자신이 즐겨 먹는 닭고기가 어떻게 사육된 닭인지 그 실상을 대부분 알지 못한다. 만약 실상을 눈으로 확인한다면 양계장의 닭고기를 사 먹을 사람은 없을 것이다.

식품영양학자들과 닭고기 가공업체들은 닭고기가 지닌 영양 가치만을 따지고 있다. 심지어 가공업체들은 이런 닭고기가 건강에 좋다고 자라나는 아이들을 대상으로 열심히 광고까지 하고 있으니 정말 심각한 문제가 아닐 수 없다.

우리가 정말 알아야 할 것은 닭고기의 영양성분이 아니라 닭고기 속에 든 인체에 해를 끼치고 병들게 하는 독성물질이다. 우리 아이들이 아토피나 암과 같은 몹쓸 병에 걸리는 것은 바로 이러한 독성물질이 원인이 될 수 있다.

아이들의 급식에 제공되는 닭고기가 어떤 먹이를 먹고 어떤 환경에서 자라 공급되는 것인지 반드시 점검해야 한다. 군대 급식에 납품되는 닭고기도 마찬가지이다. 양계장의 나쁜 환경에서 기른 닭이라면 즉시 납품을 중단시키고 대체 먹거리를 찾아야 한다. 자라나는 아이들과 젊은이들에게 독을 먹일 수는 없기 때문이다.

가장 안전한 대체 먹거리 중 하나가 국산 콩으로 만든 콩고기와 우리 밀로 만든 밀고기이다. 이는 실제 고기 맛과 같이 쫄깃쫄깃하면서도 색깔까지 똑같아 아이들이 구분하지 못할 정도이다. 콩고기와 밀고기는 콩과 밀을 재료로 가정에서나 학교 급식실, 군대 취사장에서 얼마든지 자체적으로 만들 수 있으므로 더 효과적이다.

제 4 장

아토피와 암, 생활습관병 극복 방법

아토피를 이기려면 '환경'을 바꾸자

_ 산소가 우리 몸에 왜 중요할까?

"

"공기 참 좋다. 저 산 좀 봐."

정원이네 아파트에 놀러 온 사람들은 하나같이 이처럼 부러워합니다. 엄마 아빠는 정원이가 아토피를 앓자 오래전 교외의 산 아래에 있는 조금은 오래된 아파트 1층으로 이사했습니다.

아토피 환자에게는 공기가 맑고 오염되지 않은 환경이 필요하므로 정원이를 위해서 교통이 조금 불편하더라도 교외 산 밑으로 이사한 것입니다.

그리고 새로 지은 아파트는 시멘트벽과 나무에 칠한 페인트, 벽지에서 내뿜는 화학물질이 건강에 해로워서 일부로 오래된 아파트를 구했습니다.

실제로 아토피 자녀들을 위해 도시를 떠나서 시골에 황토로 집을 지어 사는 부모도 많습니다. 황토는 가장 자연 친화적이며 원적외선을 많이 내뿜기 때문에 건강에 매우 좋습니다.

“그래서 여기로 이사 온 후로 정원이 아토피가 정말 괜찮아진 거야?”

“그럼! 아토피에는 뭐니 뭐니 해도 맑은 공기가 최고잖아. 나무가 많아서 산소도 피톤치드도 풍부해. 정원이도 하루가 다르게 좋아지고 있거든. 정말 이곳으로 이사 오기 잘했다는 생각이 들어.”

그렇습니다. 나무가 많은 산 밑에는 산소뿐만 아니라 각종 해충, 병원균, 미생물을 없애주는 피톤치드가 풍부합니다.

그렇다면 잘못된 먹거리와 함께 아토피를 일으키는 알레르겐인 환경 유해물질은 아토피와 어떤 상관관계가 있을까요? 이제부터 알아봅시다.

”

아토피에 걸린 아이들을 조사해 보면 공기가 좋지 않은 대도시, 특히 공단지역에 사는 아이가 많다. 또한, 아토피에 걸린 아이들이 공기 좋은 시골에 가면 상태가 좋아지다가 도시로 돌아오면 다시 나빠지는 경우도 많다. 그렇다면 환경과 아토피 사이에는 분명 어떤 관계가 있는 것이 확실하다.

연세대학교 환경공해연구소가 지역별로 어린이 아토피 환자 발생 비율을 조사한 결과, 공기가 나쁜 공단지역이 33%로 가장 많았다. 대도시가 그다음으로 31%, 중소도시 29%, 농촌은 21%로 가장 적었다. 그럼 왜 공기가 나쁜 지역에 아토피 환자가 많을까?

우리가 날마다 마시는 공기 속에는 눈에 보이지 않는 해로운 물질이 많이 들어 있다. 자동차의 배기가스만 해도 일산화탄소와 질소산화물, 탄화수소, 이산화탄소, 아황산가스, 중금속 등을 뿜어내고 있다. 이런 물질들은 대부분 눈에 보이지 않을뿐더러 색깔도 없고 냄새도 나지 않으며 자극도 없어서 사람들은 전혀 의식하지 못한 채 들이마시고 있다. 공장 굴뚝에서 내뿜는 연기도 마찬가지이다.

이러한 유해물질들이 코를 통해 몸속으로 들어오면 산소의 운반 작용을 방해할 뿐만 아니라 알레르기를 일으키는 독소인 알레르겐으로 변한다. 이 알레르겐이 피를 타고 흐르다가 비만세포 항체와 결합해 히스타민을 만들고, 히스타민이 가려움증과 진물을 유발하는 것이다. 피부 역시 호흡기관이기 때문에 공기 중의 유해물질들은 피부를 통해서도 끊임없이 몸 안으로 들어온다. 따라서 자동차 배기가스가 가득한 대도시에 사는 아이들과 공장이 많은 공단지역에 사는 아이들이 아토피에 걸릴 위험에 노출될 수밖에 없다.

가정에 아토피에 걸린 자녀가 있으면 부모가 시골로 이사해서 아이들에게 맑은 공기를 마시게 하고 땅을 밟으며 살게 하는 이유가 여기에 있다. 시골일수록 공기 속에 유해물질이 없고 산소가 풍부하기 때문이다.

우리 몸에서 산소의 역할은 매우 중요하다. 사람은 3분 동안 호흡을 못 하면, 다시 말해 산소가 공급되지 않으면 뇌사 상태에 빠진다.

산소는 세포의 호흡을 강화하고 체내 에너지를 활성화한다. 몸 안에 쌓인 노폐물을 배출하게 만들어 신진대사를 활발하게 하고 병에 대한 저항력을 높여준다. 특히 몸 안에 산소가 부족하면 영양분의 분해, 소화, 흡수가 힘들어지고 에너지를 만들 수 없어서 살아갈 수 없다.

우리가 섭취하는 음식물은 몸 안에서 분해, 소화, 흡수되는 과정에서 많은 일산화탄소를 발생시킨다. 일산화탄소는 산소와 결합하면 이산화탄소로 변해서 대소변, 방귀, 트림의 형태로 배출된다.

산소가 부족하면 일산화탄소는 그대로 독소로 변해 몸 안에 축적이 된다. 이 독소가 핏속으로 들어가 아토피의 원인인 알레르겐을 만들고, 과잉 섭취한 지방이나 단백질과 화학적으로 결합하면 종양을 만드는데 이것이 바로 암이다.

암은 특히 무산소 상태에서 증식하기 때문에 산소를 가장 싫어한다. 따라서 암 환자는 공기 좋은 곳에 살면서 생수를 많이 마시고 풍욕을 자주 하면서 몸속에 종양이 만들어지는 것을 막기 위해 동물성 지방과 단백질을 먹지 말아야 한다.

사람은 흙에서 태어나 흙으로 돌아간다고 한다. 자연을 멀리해서 병에 걸린 사람들은 흙과 가까이하고 살면서 땅의 기운을 받는 것이 매우 중요하다. 아토피에 걸린 아이들이 공기 좋은 시골에서 맨발로 땅만 밟고 살아도 저절로 낫는다는 말이 있을 정도이다.

하지만 사람들은 높은 곳에서 사는 것을 좋아한다. 특히 고층 아파트가 계속 지어지면서 20층, 30층 그 이상의 높은 곳을 좋아하는 사람이 갈수록 늘고 있다.

사람이 사는 집은 큰 나무 꼭대기 이상 높이로 올라가면 좋지 않다. 지금 당장은 괜찮을지 모르지만, 높이 올라갈수록 산소가 적기 때문에 그런 곳에서 오래 생활하다 보면 건강에 문제가 생길 수 있다. 한 예로 3층 이상 되는 곳에서는 김치를 담그면 발효가 잘 되지 않는다. 익지 않는다는 이야기이다. 바로 산소가 부족하기 때문이다. 더 높은 층으로 올라갈수록 당연히 더 그럴 것이다.

요즘은 난방 때문에 겨울철에도 모기가 살고, 또 엘리베이터를 타고 높은 층까지 올라가지만, 사실 8층 이상만 돼도 모기나 바퀴벌레는 살지 못한다. 역시 산소가 부족하기 때문이다.

모기나 바퀴벌레를 좋아하는 사람은 없을 것이다. 하지만 모기와 바퀴벌레가 살지 못하는 곳은 사람이 살아서도 안 되는 곳이다. 그런 곳에서 사는 사람은 자연히 몸에 이상이 올 수밖에 없다.

사람은 동물을 비롯해 생명이 있는 모든 것과 자연 속에서 함께 살도록 만들어졌다. 시골에 가면 모기나 파리는 많아도 공기가 맑고 산소가 풍부해서 건강에 좋다. 도시는 모기와 파리는 없을지라도 산소가 부족하다. 그래서 사람은 시골, 자연 속에서 살아야 한다.

옷 역시 아토피 증상이 있든 없든 간에 화학섬유로 만든 옷을 입어서는 안 된다. 화학섬유가 피부를 자극하고, 섬유 속에 든 화학물질이 피부를 통해 몸속으로 들어가 알레르겐이 되기 때문이다. 그러므로 사람은 누구나 평소에 반드시 자연 친화적인 면으로 된 옷을 입어야 한다.

봄철에 황사가 날아오면 외출을 삼가거나 마스크를 착용해야 하고, 비와 눈도 맞으면 안 되는 것도 황사와 산성비, 눈 속에는 중금속 등 유해물질이 들어 있기 때문이다.

이제 아토피와 환경은 무슨 상관이 있는지, 환경이 왜 중요한지 알았을 것이다. 아무리 건강한 먹거리를 먹어도 환경이 나쁘면 아토피나 암 같은 병에 걸려 쉽게 낫지 않는다는 것을 명심해야 한다.

아토피와 환경에 대한 진실과 오해

Q 정원이의 부모는 왜 산 밑의 오래된 아파트 1층으로 이사 갔을까요?

A 산 밑에는 나무가 많아 아토피가 싫어하는 산소가 많고, 해충과 병원균, 미생물을 없애주는 피톤치드가 풍부하기 때문입니다. 새 아파트는 시멘트와 페인트, 벽지 등이 화학물질을 내뿜기 때문에 오래된 아파트로 이사를 한 것입니다. 무엇보다 자연과 멀어져서 병이 생긴 사람은 흙과 가까이하고 살면서 땅의 기운을 받는 것이 중요하기 때문입니다.

Q 아토피를 일으키는 환경 유해물질에는 어떤 것이 있나요?

A 자동차의 배기가스와 공장의 굴뚝 연기 속에 든 화학물질, 새 아파트와 인조

잔디, 화학섬유가 내뿜는 화학물질, 황사와 산성비 그리고 눈 속에 든 중금속 등의 화학물질이 있습니다.

Q 산소는 우리 몸에 왜 중요한가요?

A 산소는 세포의 호흡을 강화하고 체내 에너지를 활성화하며 몸 안에 쌓인 노폐물을 배출함으로써 신진대사를 활발하게 만들어 병에 대한 저항력을 높여 줍니다. 우리 몸 안에 산소가 부족하면 영양분의 분해, 소화, 흡수가 힘들어져 에너지를 만들 수 없어 살아갈 수 없습니다. 또한, 산소는 음식물이 분해, 소화, 흡수되는 과정에서 발생한 일산화탄소를 이산화탄소로 만들어 배출함으로써 아토피나 암 등의 질병을 예방합니다.

핵심 포인트

과거에도 그랬지만 요즘도 암과 같은 무서운 병에 걸리면 도시 생활을 포기하고 과감히 깊은 산속으로 들어가 투병하는 사람이 많다. 물 좋고 공기 좋은 곳에서 자연식을 하며 살아가는 것, 자연과 하나 되어 살아가는 것이 암을 이기는 최고의 방법이라는 것을 알기 때문이다. 물론 아토피도 예외가 아니다.

실제로 예전에는 몹쓸 병에 걸리면 산속으로 들어가 풀뿌리를 캐서 먹고 계곡에 흐르는 물을 마시며 살았다. 풀뿌리야말로 비타민이 풍부한 최고의 섬유질 식품이다. 계곡 사이를 흐르는 물은 미네랄이 가득 살아 있으며, 나무들이 뿜어내는 산소가 가득한 맑은 공기는 더 말할 필요가 없다. 그래서 아무리 무서운 병이라도 자연 치유가 되는 것이다.

현대인들은 이와 반대인 환경에서 살고 있다. 그래서 아토피와 같은 예전에는 듣도 보도 못한, 알지도 못한 이상한 병이 생겨나고 암 환자는 증가하고 있다. 그러나 보다 더 큰 문제는 사람들이 갈수록 편리함을 추구하고 문명에 의존하면서 스스로 자연으로부터 더 멀어지고 있다는 점이다.

한 예로 학교 운동장만 하더라도 땅바닥에 인조잔디를 깐 학교가 늘어나고 있다. 새집증후군이 문제인 것처럼 인조잔디도 해로운 화학물질을 내뿜기 때문에 아이들의 건강을 크게 해치고 있다. 학교 운동장에 인조잔디를 까는 대신 나무를 심어야 하는 이유가 여기에 있다.

현대인들은 하루에 몇 시간씩 자동차 안에서 보내는데, 사람 한두 명만 타면 차 안 공기 중의 산소는 금방 부족해진다. 만원 시내버스나 출퇴근 전철 안에도 산소가 부족하다. 따라서 자동차를 타면 겨울철에도 자주 창문을 열어 환기를 시키고, 가까운 거리는 차보다 걷거나 자전거를 타는 것이 건강을 위하는 길이다.

살아 있는 '물'을 마시자

_ 물은 왜 꼭 생수를 마셔야 할까?

"

"엄마, 물은 정말 살아 있어요?"

정원이가 엄마에게 물었습니다. 물이 살아 있다는 이야기를 언젠가 TV에서 본 적이 있기 때문입니다. 그러자 엄마가 말했습니다.

"그럼, 살아 있지. 어떤 학자가 오랫동안 연구했는데, 물을 떠놓고 '사랑해요, 고마워요, 당신은 천사예요'라고 말하고 나서 현미경으로 살펴보면 물이 정말 예쁜 모양으로 나타난다고 하거든."

"그럼 나쁜 말을 하면은요?"

"'너 미워, 네가 싫어, 넌 악마야'라고 말한 후에 현미경으로 보면 정말 기분 나쁜 모습을 하고 있대. 그러니 물이 살아 있는 것 아니겠니?"

"정말 신기하네요. 그럼 엄마, 그 물을 끓이면 어떻게 되나요?"

"당연히 죽지 않겠니?"

"그럼 우린 생수를 마시는 것이 좋은가요? 아니면 끓인 물을 마시는 게 좋은가요? 의사 선생님들은 항상 물은 끓여서 마시라고 하잖아요."

"그건 콜레라나 이질 같은 수인성 전염병이 돌 때 이야기이지. 하지만 그렇지 않으면 꼭 생수를 마셔야 해. 알겠지?"

실제로 정원이는 겨울에도 차가운 생수만 마십니다. 엄마가 그렇게 하라고 말씀하시니까요. 하지만 병원에서는 물을 반드시 끓여 마시라고 합니다. 나이 드신 할아버지 할머니들은 물론 젊은 엄마들 가운데도 물을 꼭 끓여 마시는 사람이 많습니다.

그런데 왜 물은 살아 있는 그대로의 생수를 마셔야 할까요?

"

사람의 몸은 약 70%가 물로 이루어져 있다. 사람은 음식을 한 달 이상 안 먹어도 살지만, 물을 일주일 만 안 먹어도 죽고 만다. 그만큼 물은 생명을 영위하는 데 필수적인 요소이다. 사람뿐만 아니라 살아 있는 모든 생명체는 물을 먹지 않으면 살 수 없다. 달이나 화성에 생명체의 존재 유무를 알기 위해 과학자들은 가장 먼저 물의 흔적부터 조사한다. 물의 흔적이 없다면 생명체가 존재하지 않는 것과 같다.

그렇다면 물은 우리 몸에서 어떤 역할을 할까? 물은 인체에서 순환 작용, 동화 작용, 배설 작용, 체온 조절 작용 등의 기능을 수행한다. 물이 몸 안으로 원활하게 공급되고 잘 순환하고 있다면 그 사람의 몸은 건강하다고 할 수 있다. 하지만 몸 안에 물이 부족하면 전체적으로 각종 신진대사가 이루어지지 못해 신체에 이상이 나타나게 된다.

물은 또한 음식의 소화 흡수 작용, 분해 작용 그리고 몸 안으로 들어온 산소를 녹여 운반하는 일을 한다. 음식물의 소화 흡수 과정에서 생기는 노폐물을 똥오줌 등을 통해 밖으로 배출하는 역할도 맡고 있다.

음식의 분해와 소화, 흡수 과정에서 많은 열이 발생하는데, 이 열을 가라앉혀서 체온을 조절하는 것도 바로 물이다. 탈수 현상이 일어나면 몸에 열이 올라가는 것도 이 때문이다. 따라서 몸 안에 물이 부족하면 음식의 분해와 소화, 흡수가 안 되고, 영양분을 나르지 못해 몸에 이상이 오며, 노폐물이 쌓여 일산화탄소 등 각종 독소를 내뿜게 된다.

독소들이 몸에서 빠져나가지 못하면 간과 신장, 피부가 이 독소를 배출하려고 안간힘을 쓰다가 결국 지쳐 쓰러지고, 독소들이 말단 신경을 자극하면 심한 통증을 느끼게 된다.

특히 사람의 피부터가 물인데 물이 부족하면 피와 체액도 만들 수 없다. 체액의 균형이 깨지면 몸은 산성으로 기울어 대사 활동력이 떨어지고 각종 질병을 부르게 되는 것이다.

그렇다면 물은 생수로 마시는 것이 좋을까. 아니면 끓여서 마시는 것이 좋을까? 답은 당연히 살아 있는 물 그대로인 생수이다.

생수를 마시는 것은 산소를 마시는 것과 같다. 잘 알다시피 물은 산소와 수소의 결합으로 이루어져 있으므로 생수를 마시는 것은 물에 녹아 있는 산소를 마시는 것과 같다. 사람은 코와 피부 외에도 이처럼 물을 통해서도 산소를 마시고 있다. 산소는 우리 몸에 많이 들어올수록 좋으므로 생수를 많이 마시는 것은 그래서 더욱 중요하다.

그런가 하면 생수에는 산소보다 더 중요한 생체 효소가 들어 있다. 생체 효소란 체내에서 일어나는 생화학적 반응의 촉매 작용을 하는 단백질이다. 이 효소가 없으면 모든 생명체는 존재할 수 없다.

인체 내에서는 잠을 자는 동안에도 300만 건 정도의 각종 생화학적 반응이 일어나고 있다. 이 모든 반응에 관여하는 것이 바로 생체 효소이다. 즉, 음식물을 분해해서 에너지로 만들고 영양분이 인체의 조직을 만들며 활동하는 모든 과정에 관여한다.

적혈구가 철을 결합한다거나 정자가 난자의 벽을 뚫고 들어가는 것, 노폐물을 몸 밖으로 배출시키는 것 등의 모든 생화학적 반응은 생체 효소 없이는 불가능하다. 그래서 생체 효소를 '삶을 유지해 주는 물질'이라고도 한다. 따라서 몸에 생체 효소가 부족하지 않기 위해 과일과 채소를 먹고 또 발효 효소를 만들어 먹기도 하는 것이다.

그렇다면 산소와 생체 효소가 들어 있는 물을 끓여버리면 어떻게 될까? 산소는 물론 생체 효소도 섭씨 55도 이상에서는 파괴돼 그 역할을 할 수 없는 죽은 물로 변하게 되고 만다. 실제로 끓인 물을 화초에 뿌리면 금방 시들고, 어항 속에 부으면 금붕어도 얼마 지나지 않아 죽는다.

이런 물을 먹으면 사람의 몸에 결코 좋을 리 없다.

물론 물이 더럽고 위생적이지 못할 때는 의사들의 말처럼 끓여서 마시는 것은 당연하다. 하지만 맑고 깨끗한 물이라면 추운 겨울일지라도 반드시 생수 그대로 끓이지 않고 마셔야 한다.

주위를 둘러보면 물은 적게 마시고, 갈증이 날 때 생수 대신 해로운 설탕물인 청량음료와 주스 등의 가공음료를 마시는 사람이 많다. 물을 많이 마시면 살이 찐다며 일부러 잘 마시지 않는 사람들도 있다. 물이 몸의 생리 현상과 육체 활동의 기본 요소인데 이런 이유로 물을 많이 마시지 않는다는 것은 자기 몸을 스스로 병들게 하는 것과 다름없다.

물이 왜 중요한지, 특히 왜 생수를 마셔야 하는지 이제 알 수 있을 것이다.

물에 대한 진실과 오해

Q 우리 몸에 물이 왜 중요한가요?

A 인체의 70%가 물로 이루어져 있습니다. 음식은 한 달 이상 안 먹어도 살지만, 물은 일주일 만 안 먹으면 사망하게 됩니다. 물은 음식물의 분해, 소화, 흡수 작용과 이 과정에서 생기는 열의 조절 작용, 노폐물의 배출 작용을 합니다. 또한, 피와 체액을 만들며 체액의 균형을 유지해 병을 예방합니다.

Q 물은 왜 반드시 생수를 마셔야 하나요?

A 물은 산소와 수소의 결합물로서 생수에는 산소가 녹아 있습니다. 따라서 생수를 마시는 것은 산소를 마시는 것과 같습니다. 생수에는 인체의 모든 생화학적 반응에 관여하는 생체 효소가 들어 있습니다. 물을 끓이면 산소와 생체 효소가 파괴되며, 화초에 주면 시들고 어항에 부으면 금붕어가 금방 죽는 물이기 때문입니다.

Q 물을 적게 마시면 몸 안에 어떤 현상이 일어나나요?

A 음식물의 분해와 소화, 흡수가 안 되고 노폐물이 쌓여 각종 독소를 내뿜게 되며, 탈수 현상과 함께 열이 오르게 됩니다. 간과 신장, 피부가 이 독소를 배출하려고 애쓰다가 결국 지쳐 쓰러지고, 독소들이 말단 신경을 자극해 심한 통증이 옵니다. 그리고 물을 적게 마시면 피를 만들지 못하고 체액의 균형이 깨져 몸이 산성으로 기울어 각종 질병을 부르게 됩니다.

핵심 포인트

인체의 3대 영양소인 탄수화물과 단백질, 지방이 몸 안으로 들어와 서로 교류하면서 섞이고 분해, 소화, 흡수되기 위해서는 물과 산소 그리고 생체 효소가 필요하다. 생수는 이 세 가지를 모두 충족하기 때문에 가능하면 많이 마시는 것이 좋다.

고인 물이 썩듯이 인체도 계속 싱싱한 물을 마셔주지 않으면 몸이 산성으로 변하고 독소가 차서 병을 부르게 된다. 따라서 암이나 아토피, 당뇨, 고혈압과 같은 생활습관병에 걸린 사람일수록 몸속에서 피가 잘 돌게 하고, 독소와 노폐물을 빨리 배출하기 위해 생수를 많이 마셔야 한다. 특히 생수를 마신다는 것은 위와 같은 소화기관에 산소를 직접 공급하는 것과 같으므로 산소 부족 시대를 살아가는 도시인일수록 생수를 많이 마시는 것이 중요하다.

생수를 많이 마시는 사람은 소화불량이나 배탈 같은 병에 잘 걸리지 않는다. 그래서 사람은 제대로 물만 마셔도 건강해진다고 하는 것이다. 하지만 습관적으로 끓인 물만 먹는 사람이 있는데, 생수의 좋은 점을 제대로 알고 살아 있는 생수로 바꿔야 한다.

이 세상에서 사람의 몸에 가장 좋은 물은 깊은 산골짜기에서 흐르는 계곡물이라는 말이 있다. 계곡을 굽이굽이 돌아 흘러오면서 자체적으로 정화가 되고, 바위와 돌 사이를 흐르기 때문에 천연 미네랄이 풍부하다. 사람은 원래 자연 속에서 자연과 하나가 될 때 가장 건강하기 때문에 바로 이 계곡물이 몸에 가장 좋다는 것이다.

하지만 요즘은 깊은 산속도 찾아드는 인파로 인해 오염이 됐고, 황사와 미세먼지, 산성비 등 공해가 심하므로 계곡물을 함부로 마시면 안 된다. 이제는 깊은 땅속에서 나오는 미네랄이 풍부한 광천수를 마셔야 한다.

몸 안의 독소를 빼내는 최고의 방법 '단식'

_ 병에 걸렸는데 왜 단식을 할까?

"

"엄마, 몸이 너무 가려워요."

"조금만 참으렴. 그건 단식을 하니까 네 몸 안에 차 있는 독소가 빠져나오느라고 그런 거야."

사흘 전부터 정원이는 엄마와 함께 단식을 시작했습니다. 아토피를 빨리 이기려면 단식이 좋은 방법이기 때문입니다.

그런데 단식을 하면 아토피 증상이 일시적으로 더 심해질 때가 있습니다. 하지만 이것은 몸속의 독소가 한꺼번에 빠져나오느라 그런 것이므로 걱정할 필요가 없습니다.

"정원아. 배고프니?"

"아니요."

정원이는 고개를 살래살래 젓습니다. 사흘 동안 아무 음식도 먹지 않았지만 정말 배가 고프지 않았습니다. 엄마가 일주일 동안 단식을 하자고 했을 때 배가 고프지 않을까 솔직히 걱정도 많았습니다.

하지만 엄마도 같이 단식을 하겠다고 해서 안심하고 따라 하기 시작한 것입니다. 둘째 날에 배가 조금 고프긴 했지만, 그 순간이 지나니까 배가 고픈 줄을 모르겠으니 신기하기만 합니다.

"엄마, 텔레비전 좀 보세요. 맛있는 요리가 나오네요."

"그렇구나. 평소엔 몰랐는데 단식을 하니까 텔레비전에 먹는 장면이 참 많이 나오는 것 같네."

"맞아요!"

정원이는 엄마의 말에 맞장구를 치며 깔깔대며 웃었습니다.

하지만 먹고 싶은 생각은 없습니다. 단식을 잘 하기로 엄마와 굳게 약속했고, 아토피를 이기기 위해서도 단식을 성공적으로 끝내야겠다는 생각뿐입니다.

그런데 엄마는 정원이에게 왜 단식을 하자고 했을까요?

”

앞서 이야기했듯이 아토피는 피부 겉에 생기는 병이 아니다. 피부 안에 쌓인 독소가 피부 밖으로 나오려고 하기 때문에 생기는 병이다. 따라서 아토피를 이기기 위해서는 무엇보다도 먼저 몸 안에 찬 독소를 하루 빨리 밖으로 빼내는 것이 중요하다.

몸 안에 찬 독소는 현대의학으로도 빼낼 방법이 없다. 독소 때문에 병이 생겼는데 그 독소를 없애려고 약을 먹으면 그 약이 또 다른 독소를 만들어 병이 깊어지거나 다른 병을 만든다. 약이 곧 독이라는 이야기이다. 온몸에 독소가 가득 차 있는데 어떤 부위의 종양을 도려냈다고 해서 절대 치료가 되지 않는다. 일시적으로 치료가 됐다고 하더라도 금방 재발한다. 암 환자들이 암을 도려냈는데 얼마 안 있어 다시 재발하고, 결국 수술한 후 5년 이상을 사는 사람이 많지 않은 것도 이 때문이다.

몸 안에 찬 독소를 빼낼 때는 자연의학에서 체질 개선의 기본 요법으로 삼고 있는 단식을 하는 것이 가장 효과적이다.

단식이란 일정 기간 음식물을 일체 먹지 않고 굶어서 몸을 비우는 것을 말한다. 단식은 위 속에 든 음식물과 창자 속에 꽉 찬 대변 등의 노폐물만 빼내는 것이 아니다. 단식을 하게 되면 핏속에 들어 있는 독소와 요산, 당분 그리고 혈관 속에 쌓여 있는 콜레스테롤, 피부밑에 쌓여 있는 독소와 요산, 간과 신장 주변의 불필요한 지방과 더불어 배와 허벅지의 군살을 만드는 지방까지도 모두 빼내게 된다. 즉, 온몸 구석구석을 맑고 깨끗하게 대청소를 하는 것이다.

단식은 '몸에 칼을 대지 않는 수술'이라고 말할 만큼 그 효과가 크다. 단식하고 나면, 음습하고 더러운 물이 흐르던 청계천이 맑고 깨끗한 물이 흐르고 물고기가 사는 곳으로 바뀐 것처럼 몸이 변하는 것과 같다고 비유할 수 있다.

단식을 하면 모든 병의 원인이 되는 몸속에 찬 노폐물과 독소를 밖으로 깨끗하게 배출하는 것은 물론 피가 맑아지고 죽은 세포가 살아난다. 또한, 신체 각 장기가 새롭게 태어나고 체액이 균형을 이루어 병에 대한 저항력이 높아진다. 아울러 몸이 가볍고 머리가 맑아지며 절제력이 강해져 음식에 대한 욕심이 사라지는 등 그 효과는 이루 말할 수 없을 정도다.

이처럼 병을 물리치거나 체질을 개선하기 위해 실시하는 단식은 보통 5일에서 10일 정도가 가장 이상적이며, 오래 할수록 효과가 커진다. 이렇게 짧지 않은 시간 동안 아무 음식도 먹지 않고 견딘다는 자체가 강인한 정신력을 길러주므로 단식은 육체적으로나 정신적으로 사람을 건강하게 만든다.

특히 암이나 아토피, 고혈압, 당뇨, 고지혈증, 지방간, 비만 등 각종 생활습관병을 앓고 있는 사람들에게 단식은 세상의 어떤 명약이나 보약과도 바꿀 수 없는 최고의 치료 방법이다. 실제로 병원에서 고치지 못하는 만성병인 고혈압이나 당뇨, 고지혈증 등은 일주일 만 단식을 해도 그 증상이 깨끗하게 사라지거나 몰라보게 개선된다.

긴 시간 동안 자신과 싸워야 하는 암과 아토피 환자들의 경우, 단식을 통해 몸 안에 찬 노폐물과 독소를 빼내고 피를 맑게 하는 등 체질을 개선하면 확실한 효과를 볼 수 있다.

체질을 개선하기 위한 단식은 반드시 소금, 즉 죽염을 먹어야 한다.

천일염으로 만든 죽염은 미네랄이 풍부하므로 물만 먹고 단식을 해도 전혀 배가 고프다는 것을 느끼지 않게 해준다. 중요한 것은 단식으로 체질이 개선되기 때문에 앞으로의 예방 효과가 크다는 점이다. 단식이야말로 암과 아토피 등을 빨리 낫게 하는 최고의 지름길이다.

단식할 때 명심해야 할 것은 생수를 많이 마셔야 한다는 점이다. 이는 몸 안에 미네랄과 산소, 생체 효소를 충분히 공급해서 노폐물과 독소의 배출을 돕고 혈류를 개선하며, 단식으로 인해 몸 안에서 급격히 진행되는 신진대사가 활발해지도록 돕기 위한 것이다.

이와 함께 단식 기간에도 몸이 활력을 잃지 않도록 비타민C를 충분히 공급하기 위해 감잎차를 마신다. 감잎차 한 잔에는 오렌지 20개 분량의 비타민C가 들어 있어서 하루 한두 잔만 마셔도 비타민C의 공급이 충분하다.

단식 기간에는 이렇게 생수와 죽염, 감잎차만 먹고 일체 다른 음식은 먹지 않는다는 것을 꼭 명심해야 한다. 이 세 가지 속에는 우리 몸이 필요로 하는 기본적인 영양소가 모두 들어 있다. 그래서 열흘 이상 단식을 해도 배가 고프거나 음식을 먹고 싶다는 생각이 전혀 들지 않는 것이다.

실제로 필자 역시 이 세 가지만 먹으면서 해마다 한두 차례 단식해도 전혀 배가 고프다는 것을 느끼지 못했다. 그뿐만 아니라 이 세 가지만 먹고 열흘 동안 단식하는 수백 명의 사람을 두 눈으로 직접 지켜보고 취재를 했는데, 이들 중에 배가 고프다고 말하는 사람을 본 적이 없으니 정말 신기할 따름이었다.

물론 단식을 시작한 지 이틀이나 사흘째가 되면 배가 고프고 잠을 자도 먹는 꿈을 꿀 만큼 참기 어려울 때가 있다. 하지만 이것도 짧은 순간일 뿐 이 시기만 넘기면 그 후부터는 먹고 싶은 생각이 아예 사라진다. 그럼 단식을 하면 우리 몸은 어떻게 변화할까?

단식을 시작하면 몸 안으로 들어오는 음식물의 영양분이 끊어지므로 인체에 비상이 걸린다. 활동하는 데 필요한 칼로리를 확보해야 하기 때문이다. 그래서 우리 몸은 가장 먼저 몸속에 저장해 두었던 영양분을 사용한다.

즉, 간과 신장, 작은창자, 큰창자를 비롯한 각 장기 주위에 붙어 있는 지방분은 물론 배와 허벅지, 엉덩이 부분에 붙어 있는 지방분도 꺼내 쓴다. 아울러 혈관 속에 쌓인 콜레스테롤과 단백질까지 태우게 된다. 이 때문에 단식을 하게 되면 장기와 신체 각 부위의 불필요한 지방분이 없어져 몸이 편안해지고 누구나 군살이 빠지면서 몸이 날씬해지는 것이다.

무엇보다 혈관도 깨끗하게 청소돼 동맥경화나 고혈압, 뇌경색, 협심증이 치료되며, 다시 이런 병에 걸릴 위험이 줄어든다.

이 같은 몸속의 변화는 단식을 시작한 지 대략 이틀 정도가 지나면서부터 일어나기 시작한다. 소변이 샛노랗게 나오고 몸에서도 심한 악취가 난다. 이는 몸속의 노폐물이 타기 때문이다.

닷새쯤 되면 몸이 맑아지면서 온갖 냄새에 민감해진다. 예를 들어, 고기를 굽거나 튀기는 냄새는 역겨워서 참기가 힘들다. 특히 이때는 다른 사람들의 몸에서 나는 냄새가 그렇게 역겨울 수가 없다. 그래서 사람을 가까이하는 것이 그렇게 고통스러울 수 없고, 버스나 전철 같은 대중교통을 이용하는 것이 고역으로 다가온다.

단식할 때 또 하나의 중요한 점은 반드시 관장을 해야 한다는 것이다. 관장이란 관장기구를 이용해 항문을 통해 창자 속에 들어 있는 대변과 숙변을 빼내는 것을 말한다.

사람은 누구나 처음 관장을 하게 되면 시커먼 숙변이 놀랄 정도로 많이 나온다. 이는 아이들도 마찬가지이다.

나는 잘 먹고 잘 싸는데 창자 속에 무슨 숙변이 있느냐고 반문하는 사람도 많다. 하지만 절대 그렇지 않다. 사람은 어른이든 아이든 창자벽에 어느 정도 숙변이 붙어 있다. 이는 돼지를 잡아보면 안다. 2년에서 3년밖에 안 된 돼지도 창자벽에 시꺼먼 숙변이 가득 끼어 있다. 이 숙변은 어찌나 착 달라붙어 있는지 어지간해서는 벗겨지지 않는다.

태어난 지 2, 3년밖에 안 된 돼지도 이처럼 숙변이 끼어 있는데 돼지와 생체 구조가 비슷한 사람, 그것도 10년, 20년 아니 그 이상을 산 사람의 창자에는 숙변이 얼마나 많이 끼어 있을까. 그래서 평소 황금색 변을 보는 사람도 관장을 하면 시커먼 숙변이 쏟아져 나오는 것이다.

창자 속에 쌓여 있거나 벽에 붙어 있는 숙변은 영양분의 흡수를 막고 독소를 만든다. 이 독소가 혈관으로 들어가 피를 탁하게 하고, 또 피를 타고 흐르면서 어느 한 곳에 뭉쳐 암과 같은 종양을 만들며, 비만세포에 쌓여 아토피의 원인이 되기도 한다.

단식을 하면서 관장으로 창자 속에 들어 있는 대변을 반드시 빼내야 하는 이유가 또 있다. 단식을 시작하면서 음식물을 끊으면 아무것도 먹은 것이 없기 때문에 몸은 그때부터 더는 배설을 하지 않는다. 그러면 창자 속에 남아 있는 대변이 그대로 창자벽에 굳게 달라붙어 독소를 내뿜게 된다. 따라서 관장을 하지 않고 오랫동안 단식하는 것은 오히려 몸을 망칠 수 있다.

이렇게 단식을 하면서 관장을 하고, 또 물과 죽염을 계속 먹으면 순환이 활발하게 이루어지면서 몸속에 쌓여 있던 독소와 노폐물이 자연스럽게 대소변을 통해 빠져나간다. 동시에 혈관에서는 탁한 피가 깨끗한 피로 바뀌기 시작한다. 온갖 독소와 당분, 요산이 가득 찬 피가 맑고 새로운 피로 바뀌는 것이다.

이 혈류 개선에서 절대적인 역할을 하는 것이 소금, 즉 죽염이다. 이제 그 이유를 알아보자.

단식할 때 죽염을 먹으면 염분은 모두 핏속으로 자연스럽게 흡수된다. 이때 당연히 피의 염도는 높아지고 순간적으로 혈압이 올라간다. 그러면 몸은 피의 염도를 낮추기 위해서 물을 요구하게 된다. 목이 마르면서 물을 찾게 되는 것이다.

이것은 술을 많이 마셨을 때와 똑같은 현상이다. 술을 많이 마시면 알코올 성분이 핏속으로 들어가 피의 알코올 함량 수치를 높이기 때문에 농도를 낮추기 위해 물을 많이 요구하게 된다. 이때 마신 물은 핏속으로 들어가 피의 농도가 묽어져 갈증이 사라지는 이치와 같다. 물론 이 물은 순식간에 모두 핏속으로 들어가기 때문에 몸이 붓는 현상이 나타난다. 하지만 계속해서 물을 마시면 핏속의 알코올은 물과 함께 신장을 통해 서서히 오줌으로 배설되고, 피는 정상으로 돌아온다.

단식할 때 먹는 죽염도 알코올과 똑같은 현상을 가져온다. 죽염을 먹으면 죽염 속의 염분은 모두 피로 들어간다. 그러면 피의 염도가 높아지기 때문에 물을 요구하게 된다. 그래서 물을 마시면 모두 피로 들어갔다가 소변으로 배설되고, 이 과정을 일주일에서 열흘 동안 쉬지 않고 반복하면 자연스럽게 피의 교체가 이루어진다. 즉, 탁한 피는 걸러지면서 혈관 속이 깨끗한 새 피로 가득 차게 되는 것이다.

실제로 피가 탁해 암에 걸린 환자가 죽염과 생수를 열흘 정도 열심히 먹으면 의사들이 깜짝 놀랄 만큼 피가 맑아진다. 의사들이 깜짝 놀란다는 것은 현대의학으로는 이렇게 짧은 기간에 피를 맑게 하는 방법이 전혀 없다는 것을 의미한다. 이것은 단식하기 전과 끝내고 나서의 피 검사 결과를 비교해 보면 뚜렷하게 확인된다.

단식하면서 죽염을 먹을 때 주의할 점이 하나 있다. 죽염을 먹은 후 물은 반드시 30분 정도 지나서 마셔야 한다. 염분이 핏속으로 충분히 흡수될 수 있는 시간이 필요하기 때문이다. 그렇지 않고 죽염을 먹은 후 바로 물을 마시면 소금물이 곧바로 신장으로 쓸려 내려가 신장에 큰 무리를 주게 된다.

인체의 중요한 장기 중 하나가 바로 신장이다. 흔히 콩팥이라고 부르는 신장은 우리 몸 양쪽으로 두 개가 있는데, 노폐물 배설과 체액 조절, 혈압 조절, 조혈 촉진, 여러 가지 물질의 대사 조절 기능 등을 갖고 있다. 또한, 단백질 분해 산물인 요소와 요산 등 혈액 속의 불필요한 물질과 과잉물질을 제거한다.

생리적으로 혈액 속에 있는 어떤 물질의 농도가 어느 수준 이상으로 짙어지면 스스로 배설을 한다. 예를 들어 혈당의 경우, 농도가 0.17% 이하일 때는 배설하지 않지만, 그 이상으로 과잉되는 분량은 제거하는 것이다.

이와 함께 신장은 삼투압을 조절한다. 혈액 속의 수분이 늘어나 삼투압이 내려갈 때는 물을 제거한다. 그리고 염분이 과잉 상태가 돼 삼투압이 올라가면 염분을 제거해 체액의 삼투압을 정상으로 유지한다.

몸 안에서 단백질이 산화하면 황산이나 인산이 생기고, 근육에서는 젖산이나 피루브산이 생기는 등 체내에서는 끊임없이 산이 만들어지고 있다. 신장은 혈액의 이 pH까지 조절하는 작용을 하고 있다.

신장은 결국 우리 몸으로 들어오는 유용한 것이든 무용한 것이든 모두 대량의 물과 함께 혈액으로부터 여과한다. 그런 다음 이것이 긴 요세관을 통과하는 사이에 유용한 물질만 재흡수하고, 무용한 물질은 소변으로 배설시키는 중요한 역할을 하고 있다. 따라서 몸에 발생하는 병 가운데는 신장 기능의 이상으로 인한 것이 많아 신장병 환자는 해마다 늘어나고 있다.

신장 질환은 80%까지 악화해야 자각 증상이 나타나고, 한번 손상되면 원상회복이 어렵다. 신장의 기능이 마비되는 현상을 만성신부전이라고 한다. 핏속에 당이 많이 찬 당뇨병 환자나 요산이 많이 찬 고혈압 환자들은 신장이 제 기능을 발휘하지 못하는 사람들이 대부분이다. 신장이 당과 요산을 제대로 조절하지 못하기 때문에, 다시 말해서 빨리 빼주지 못해 당뇨와 고혈압에 걸리는 것이다.

당뇨나 고혈압 약은 이뇨제, 즉 신장을 도와서 소변이 잘 나오도록 해주는 약에 불과하다. 하지만 약으로 신장을 도와주기 시작하면, 신장은 약에 계속 의존하기 때문에 당뇨와 고혈압 약은 한 번 먹기 시작하면 평생 먹어야 한다.

그런데 단식을 하면 놀랍게도 신장의 기능이 좋아진다. 몸속을 깨끗이 청소해 비운 상태에서 소금 먹고 물 마시며 소변으로 배설하는 과정을 계속 반복하다 보면, 망가진 신장이 자연스럽게 본래의 제 기능을 회복하기 때문이다.

단식은 이처럼 몸 안에 찬 독소와 노폐물을 빼내고 피를 맑게 하며, 과잉 축적된 영양분을 태우는 한편, 죽은 세포를 살려주는 데 탁월한 효과가 있다. 그래서 아토피와 비만, 고지혈증, 고혈압, 암, 백혈병, 관절염 등의 병에 걸린 사람이 단식을 끝내면 자기 몸에 전혀 예상하지 못했던 변화가 일어나는 것을 경험하게 된다. 심지어 말을 못 하는 다운증후군 소년의 말문이 트이는 기적 같은 일들이 일어나기도 한다.

사람은 누구나 몸 안에 독소와 노폐물이 가득하고, 피가 탁하면 병에 걸릴 수밖에 없다. 하지만 단식과 관장으로 몸 안을 맑고 깨끗하게 만들면 병이 더 이상 발을 붙일 수 없다. 이 때문에 꼭 아픈 사람뿐만 아니라 평소 건강한 사람도 한 번쯤 단식하는 것은 예방 차원에서도 바람직하다.

지금 당장 건강할지 몰라도 누구나 건강을 장담할 수 없다. 실제로 암의 경우 99%까지 진행된 상태에서 발견되지 않다가 마지막 1%가 채워지면 발견되기도 한다. 지금 우리 몸 안에서도 암이 진행되고 있는지는 아무도 모를 일이다.

하지만 1년에 한 번 정도 단식해서 몸속을 대청소하면 암에 걸릴 확률이 낮아진다. 단식이 중요한 이유가 여기에 있다.

단식에 대한 진실과 오해

Q 단식은 어떤 효과가 있나요?

A 몸속의 장기 주변과 신체 각 부위의 지방분, 혈관 속의 콜레스테롤과 단백질 등을 비롯한 노폐물을 태워 몸을 맑고 깨끗하게 청소해 줍니다. 또한, 단식하기 전 관장을 하면 독소를 내뿜는 숙변을 밖으로 빼내 장 속을 깨끗하게 청소해서 각종 병을 예방합니다. 단식하는 동안 죽염과 물을 많이 계속 먹고 소변으로 배설하는 과정을 반복하여 피를 맑게 만들고 신장의 기능을 건강하게 회복시킵니다.

Q 단식할 때는 무엇을 먹어야 하나요?

A 산소와 미네랄이 들어 있는 생수를 충분히 마시고, 역시 미네랄이 많은 죽염과 함초 효소를 수시로 먹습니다. 단, 죽염을 먹은 후 물은 30분 후에 마시고, 비타민C가 풍부한 감잎차를 마셔서 몸의 활력을 잃지 않도록 합니다.

Q 병과 단식은 어떤 관계가 있나요?

A 암과 아토피 같은 병의 원인은 몸 안에 들어 있는 노폐물과 독소에 있고, 이것을 빼내는 가장 확실한 방법이 단식입니다. 단식은 모든 병의 원인이 되는 탁한 피를 맑게 만드는 방법이기도 합니다. 평소 건강한 사람도 병을 예방하기 위해 한 번쯤 단식으로 몸속을 깨끗하게 청소해 줄 필요가 있습니다.

핵심 포인트

단식이 칼을 안 대는 수술이라고 부를 정도로 엄청난 효과가 있지만, 단지 자연요법이라는 이유로 불신하는 환자가 많다. 병원에서 시키는 대로 무조건 약을 먹고 수술부터 받으려고 한다. 단식의 중요성을 모르는 대부분 사람이 그렇다.

암 환자의 경우, 암이 발견되면 의사들은 무조건 종양의 일부분을 도려내 조직 검사를 하고 수술을 권한다. 하지만 암은 조직 검사를 하기 위해 종양을 도려낸 순간부터 걷잡을 수 없이 증식하기도 한다.

초기 암이라는 판정을 받고 나서 얼마 후 수술을 하기 위해 몸을 열어보면 말기 암으로 발전해 있는 사람이 부지기수이다.

자연의학을 믿을 수 없으므로 병원에서 수술을 받겠다고 결심한 사람일지라도 당장 단식부터 해서 피를 깨끗하게 만든 후 수술을 받는 것이 좋다. 피가 탁해서 생긴 병인데 특정 부위를 수술해 종양을 도려낸다고 해서 다른 부위에 다시 생기지 말란 법이 없다. 실제로 암 수술을 받은 지 얼마 안 돼 다른 부위에 명칭이 다른 암이 바로 나타나는 것도, 즉 다른 암으로 빨리 전이되는 것도 바로 이 때문이다.

더럽고 탁한 하천에서는 고기가 절대 살 수 없다. 깨끗하고 맑은 물이 흐르는 하천이라야 고기가 사는 법이다. 또 더럽고 탁한 하천에 아무리 깨끗한 물을 많이 쏟아붓는다고 할지라도 고기가 살 수 없다. 하지만 하천을 깨끗하게 정비하고 청소한 후 맑은 물을 흘려보내면 고기가 다시 살기 시작한다. 이 지극히 단순한 진리를 왜 현대 의학자들은 모르는 것일까.

다행히 최근 들어 많은 한방병원이 단식 클리닉을 열고 비만 환자나 각종 성인병 환자를 치료하고 있다. 개인 한의원에서도 단식 치료를 도입하는 추세여서 고무적이다. 사설 단식원도 곳곳에 들어서고 있으며, 단식법과 단식을 이용한 난치병 치료 사례 등을 소개하는 서적도 늘고 있다.

단식과 관장은 그리 어렵거나 힘들지 않다. 중요한 것은 나도 한번 해보겠다는 마음의 자세와 의지이다. 꼭 많은 돈을 들여 단식원 같은 곳에 들어가야만 할 수 있는 것도 아니다. 위중한 환자가 아니라면 집에서도 가족과 충분히 할 수 있다.

가정에 아토피나 암처럼 낫기 어려운 병에 걸려 있는 사람이 있다면 가족 전체가 날을 잡아 함께하는 것이 좋다. 가족과 함께해야만 서로 격려해주기 때문에 실패하지 않고 끝까지 잘할 수 있다. 단, 단식을 하다 보면 몸이 허약하거나 비정상적인 사람들에게 간혹 급격한 저혈당 증상이나 저혈압, 부정맥 등이 와서 쓰러질 수도 있으므로 단식에 대해 충분한 사전 지식이 필요하다.

단식을 하려면 먼저 관장용으로 사용할 죽염을 준비하고, 약국이나 의료기기 전문 판매점에서 관장기를 구입한다. 관장기는 플라스틱이나 고무 소재로 만들어져 있으며, 손으로 하는 수동식과 벽에 걸어 놓고 하는 벽걸이용이 있다. 가격도 매우 싸다.

그리고 단식 보조제로 약국에서 수산화마그네슘 제제를 구입해야 한다. 수산화마그네슘 제제는 위에 자극을 주지 않으면서 제산 작용을 하고, 또 부드럽게 완화 작용을 하며, 소염 작용의 효과도 있다. 위산과다나 위염, 십이지장 증상에도 좋은데, 특히 변비를 개선하고 숙변을 빼내는 배변 효과가 뛰어나다. 그래서 단식을 할 때는 꼭 수산화마그네슘 제제를 복용한다.

약알칼리성인 수산화마그네슘 제제 그 자체는 물에 용해되지 않지만, 위에서 산과 만나면 빠르게 중화한다. 또한, 장 속으로 들어가면 장의 벽이 수분을 흡수하는 것을 막을 뿐만 아니라 오히려 체내의 수분을 장 속으로 빨아들이기 때문에 수분이 늘어나 부드러운 설사를 일으키게 된다.

이렇게 설사를 하더라도 장 벽의 점막을 자극하지 않으며 복통과 같은 증상이 전혀 없이 배설시키게 된다. 이때 일어나는 설사는 일시적인 것이므로 걱정할 필요가 없다. 다만 신장에 심한 장애가 있는 사람과 설사 환자, 고마그네슘혈증 환자 등은 복용을 삼가는 것이 좋다.

수산화마그네슘 제제는 약국에서 처방전 없이도 살 수 있으며, 가격 역시 저렴하다. 복용할 때 생수를 충분히 마시고, 설사한 후에도 빠져나간 수분을 보충하기 위해 생수를 많이 마셔야 한다.
수산화마그네슘 제제는 이처럼 몸 안의 수분을 빨아들여 밖으로 배출하는 효과가 크기 때문에 고혈압 환자의 혈압까지 일시적으로 낮춰준다. 따라서 약을 먹을 수 없는 고혈압 임산부도 수산화마그네슘 제제를 먹으면 혈압이 떨어지는 효과를 얻을 수 있다.

단식 기간에는 죽염 외에도 비타민C를 충분히 공급해야 하므로 감잎차와 매실 효소도 미리 준비하는 것이 좋다. 저혈압이나 저혈당, 부정맥 현상이 올 때 매실 효소를 조금 마시면 진정된다. 매실 효소는 살균 작용의 효과가 있으며, 몸을 약알칼리성으로 만들어준다.
산야초 효소를 물에 타서 자주 마시는 것도 좋다. 하지만 많이 마시면 단식의 효과가 반감되므로 사나흘에 한 잔 정도가 적당하다. 산야초 효소는 고산지대에서 자생하는 생명력이 강한 온갖 풀들을 발효시킨 것으로서 비타민C와 미량원소가 더할 나위 없이 풍부하다.
미량원소란 극히 미량이지만 생물이 정상적으로 성장하는 데 꼭 필요한 원소이다. 생물은 이것이 있어야 정상적으로 성장하게 된다.

단식을 성공적으로 잘하는 것도 중요하지만 끝낸 후가 더 중요하다. 단식이 끝났다고 해서 아무 음식이나 먹으면 절대 안 된다. 단식이 끝난 후의 인체 장기는 마치 어린아이의 몸처럼 변해 있으므로 조심스럽게 보식을 해야 한다. 묽게 끓인 부드러운 현미오곡죽부터 시작해서 된장국, 채소로 만든 수프 등을 먹다가 단식 기간의 두 배가 지난날부터 서서히 밥을 먹어야 한다.

음식을 먹기 시작하면 뇌는 단식을 하기 이전에 즐겨 먹던 음식과 양을 기억하고 있어서 적게 먹는 데에 만족하지 않고 자꾸만 음식을 더 요구하게 된다. 그래서 자기도 모르게 많이 먹게 된다. 이렇게 되면 금방 단식 이전의 몸으로 돌아가고 만다. 이것이 바로 요요현상이다.

따라서 단식을 끝낸 후에 어떻게 보식을 하느냐가 요요현상을 극복할 수 있는 관건이 된다.

강력한 치료용 목욕법 '냉온욕'

_ 냉온욕으로 신체 기능이 정말 회복될까?

"

"앗, 차가워!"

"앗, 뜨거워!"

정원이는 엄마와 목욕탕에서 냉온욕을 하고 있습니다. 냉온욕이란 과연 무엇일까요? 한마디로 차가운 냉탕과 뜨거운 온탕 속을 1분씩 번갈아 들어가서 물에 몸을 담그는 것을 반복하는 목욕법입니다.

"정원아, 냉온욕을 해 보니 어때?"

"차가운 물 속에 들어가면 처음에는 춥긴 하지만 점점 너무 시원하고 상쾌해요."

"그렇지. 그럼 온탕에 들어가면?"

"으아! 온몸이 너무 따갑고 근질근질해요."

"그래도 아토피가 나을 것 같은 기분이 들지 않니?"

"맞아요!"

엄마가 처음 냉온욕을 하러 목욕탕에 가자고 했을 때 정원이는 조금 두려웠습니다.

차가운 물에 들어가서 25분을 견디고, 그다음 뜨거운 물에서 5분, 그 후로 냉탕과 온탕을 번갈아 가며 들어간다는 설명이 신기하게 느껴지면서도 막상 냉탕의 찬물을 보니 겁이 덜컥 났습니다. 차가운 물에는 한 번도 그렇게 오랫동안 들어가 본 적이 없었기 때문입니다.

그것은 엄마도 마찬가지입니다. 엄마 역시 냉탕에 들어가 오래 있는 것은 생각만 해도 몸이 으스스 떨렸습니다. 하지만 엄마는 정원이에게 그런 내색을 할 수 없었습니다.

마침내 엄마가 먼저 냉탕으로 들어가자 정원이도 따라 들어갔고, 오들오들 떨면서 열심히 냉욕을 시작했습니다.

그런데 시간이 갈수록 참을 만했습니다. 냉탕과 온탕을 왔다갔다할 때는 오히려 기분이 무척 상쾌하고 좋았습니다.

"엄마, 1분 됐어요. 이번엔 온탕에 가요."

"그래."

두 사람은 냉탕에서 나와 온탕으로 들어갑니다.

"그런데 엄마, 궁금한 게 있어요. 이 냉온욕이 아토피에 왜 좋은 거예요?"

"아토피뿐만 아니란다. 모든 병에 좋고, 건강한 사람도 냉온욕을 하면 몸이 더 건강해진단다."

과연 그럴까요? 그렇다면 이제부터 차가운 물과 뜨거운 물을 교대로 오가는 냉온욕이 우리 몸에 왜 좋은지, 냉온욕을 왜, 무엇 때문에 해야 하는지 알아봅시다.

앞서 말했듯이 피부는 호흡 작용과 몸 안의 노폐물을 땀으로 내보내는 배설 작용 그리고 체온 조절 작용을 한다. 호흡 작용과 배설 작용은 피부의 땀구멍, 다시 말해 털구멍을 통해 이루어지고 있다.

사람이 냉탕에 들어가면 물이 차갑기 때문에 피부의 털구멍은 금방 오므라들면서 닫히게 된다. 이것이 피부의 '수축 작용'이다. 이와 반대로 온탕에 들어가면 털구멍이 활짝 열리게 된다. 이것이 '팽창 작용'이다. 그래서 1분씩 냉탕과 온탕을 교대로 오가게 되면 털구멍이 1분 간격으로 닫혔다가 열리기를 반복하는 사이에 몸속에 있는 노폐물이 저절로 빠져나오는 것은 물론 피부세포가 깨끗하게 청소되기 시작한다. 이것이 바로 '1분 냉온욕'이다.

냉온욕은 사람의 체액을 중성이나 약알칼리성으로 만들어주는 효과도 있다. 우리 몸의 체액은 차가운 물에 들어가면 산성으로 기울고, 뜨거운 물에 들어가면 알칼리성으로 기울게 된다. 그래서 냉탕과 온탕에 1분씩 번갈아 들어가면 체액이 산성과 알칼리성으로 바뀌기를 반복하면서 저절로 중성이나 약알칼리성으로 변하게 되는 것이다.

냉온욕을 하면 무엇보다 적혈구와 백혈구의 활동이 활발해진다. 적혈구와 백혈구는 냉탕과 온탕을 오갈 때 생기는 외부의 급격한 온도 변화에 깜짝 놀라 비상이 걸릴 수밖에 없기 때문이다. 그래서 체온을 36.5도로 유지하기 위해 나름의 기능으로 서둘러 생리 작용에 나서는 등 활동이 활발해질 수밖에 없다.

또한, 피와 림프액이 빨리 돌도록 촉진해서 모세혈관 끝에서 피를 빨아 당기는 글로뮈(모세혈관과 세동맥, 세정맥 사이를 잇는 가는 관)의 기능을 회복시켜준다.

따라서 냉온욕을 하면 피의 흐름이 활발해지고 체액이 조절된다. 아울러 적혈구와 백혈구의 왕성한 활동으로 병에 대한 면역력이 높아지는 것은 물론, 모세혈관 곳곳까지 피가 잘 돌게 된다.

냉온욕은 치료가 어렵다는 백혈병에도 놀라운 효과를 발휘한다. 백혈병이란 피를 만드는 조혈조직에 종양이 나타나는 병으로 백혈구가 잘 성숙되지 않거나 비정상적인 백혈구가 증가해 핏속에 나타나는 병이다. 특히 적혈구의 생성을 억제하기 때문에 악성빈혈을 일으키는 무서운 병이다.

그럼 이 무서운 백혈병을 어떻게 치료하면 나을까? 피는 사람의 몸 안을 돌면서 영양분과 산소 공급 역할을 하는 붉은 빛의 액체이다. 적혈구와 백혈구, 혈장으로 구성돼 있는데, 그 성분을 보면 적혈구와 백혈구는 단백질인 데 비하여 혈장은 물의 성분으로 돼 있다.

단백질로 만들어진 적혈구와 백혈구는 온도가 올라가면 구조가 파괴돼 회복이 불가능해진다. 하지만 냉동을 하면 기능이 저하됐다가 정상 온도를 유지해 주면 다시 회복된다. 채혈된 피를 냉동 보관하는 이유가 바로 여기에 있다.

피의 역할은 크게 물질 운반, 체온 조절, 생체 보호로 나누어진다. 첫 번째로 피는 폐에서 전달받은 산소를 온몸으로 운반하며, 이산화탄소를 몸 밖으로 몰아내는 작용을 한다. 또 소장에서 흡수된 영양분을 간이나 림프관을 거쳐 각 조직 세포로 운반하고, 이들 조직에서 생성된 노폐물을 신장으로 운반해 몸 밖으로 배설하도록 돕는다.

두 번째로 피는 혈관의 수축과 이완 작용을 통해 체온을 조절하는 역할을 한다. 신체 각 부분의 신진대사량과 몸 밖의 온도 차이에 대응해서 혈관 내의 혈액을 순환시켜 체온을 언제나 일정하게 유지시켜 주는 것이다.

세 번째로 피는 몸 안으로 들어오는 나쁜 세균과 바이러스로부터 몸을 보호하는 작용을 한다. 이것이 생체 보호 작용이다.

여기서 주목할 것은 체온 조절 작용이다. 피는 혈관의 수축과 이완 작용을 통해 체온을 조절하는 역할을 한다. 몸 밖의 온도 차이에 대응해서 혈관 내의 혈액을 순환시켜 체온을 언제나 일정하게 유지하는데, 이것이 바로 냉온욕과 밀접한 관계에 있다.

차가운 물에 25분 동안 들어가 있는 냉욕과 5분 온욕 그리고 1분 교차 냉온욕을 하면 외부에서 인체에 가해지는 매우 급격한 온도 변화가 이루어진다. 이때 피는 이 같은 외부 온도의 변화에 맞서 체온을 36.5도로 유지하기 위해서 혈액의 순환을 더 빠르게 독촉한다. 혈액의 순환이 순간순간 빨라졌다가 늦어지기를 반복할 수밖에 없는 것이다.

이것은 무엇을 의미할까. 항상 평상을 유지하고 있던 혈관의 '피 돌기'를 급격히 활성화시킨다는 것이다. 고인 물은 썩지만 흐르는 물은 썩지 않는다는 것과 다르지 않다. 백혈병이나 악성빈혈도 알고 보면 피가 탁해져서 생기는 병이다.

그런데 신장의 기능이 단식과 소금, 물을 통해 활성화되고, 외부의 급격한 온도 차이에 맞서기 위한 피의 활발한 혈류 작용이 이루어지면 탁한 피는 결국 깨끗하게 바뀌지 않을 수 없다.

여기서 특히 몸의 면역에 중요한 백혈구는 외부에서 침입한 세균이나 화학물질에 감염된 세포를 죽이는 역할을 맡고 있다. 그런데 전체 백혈구의 70%를 차지하는 중성 백혈구의 경우, 세포 분열을 하지 못하는 종말 세포로서 낮은 온도에서는 불과 2, 3시간 동안만 생존한다. 따라서 혈액을 만드는 뼈의 골骨을 죽어가는 세포에 대처하기 위해 중성 백혈구를 빨리 만들어야 한다. 그렇지 않으면 세균이나 바이러스에 감염되기 때문이다.

운동만 해도 백혈구는 증가한다. 운동을 하면 체내 혈중 온도가 상승해 근육에 공급해야 하는 산소량이 크게 늘기 때문이다. 이는 폐나 골수, 간, 비장 등에 있는 저장소로부터 백혈구가 쏟아져 나와 혈관으로 들어가는 것으로서 혈류 작용이 그만큼 활발해진다는 뜻이다.

따라서 외부에서 가하는 급격한 온도 차이에 대처하기 위한 혈액의 활발한 움직임으로 피 자체는 물론 혈류까지 개선해 백혈구가 종양으로 증식하는 병적 증상인 백혈병을 충분히 개선할 수 있는 것이다. 이것은 현대의학으로서는 상상조차 하기 힘든 일이다.

냉온욕은 겨울철 감기 예방에도 좋다. 사람의 몸은 차가운 물에 들어가면 추워 덜덜 떨린다. 피부세포들이 바짝 오그라들면서 소름이 돋을 정도이다. 이것이 바로 '오한惡寒'이다. 하지만 뜨거운 물에 들어가면 세포가 활짝 열리면서 금방 열이 난다. 이것을 '발열發熱'이라고 한다.

이처럼 냉온욕으로 오한과 발열을 반복하면 자연히 추위와 더위에 대한 몸의 저항력이 높아질 수밖에 없다. 그 결과 냉온욕만 몇 번 해도 여름에는 더위에 강해지고, 겨울에는 그 흔한 감기조차 걸리는 일이 거의 없다. 정말 대단한 효과가 아닌가.

사실 냉온욕을 하는 방법은 매우 간단하다. 먼저 목욕탕에 들어가서 간단히 샤워한 후 냉탕에 들어가 1분 동안 있다가 온탕으로 옮기고, 다시 1분 동안 있다가 냉탕으로 들어간다. 이것을 8번에서 11번 정도를 반복하며 온몸을 탕 속에 담그기만 하면 된다. 중요한 것은 반드시 냉탕에서 시작하고 냉탕에서 끝내야 한다는 점이다.

비만인 사람이나 평소 설탕과 술을 많이 먹어 몸이 지나치게 산성화된 사람, 암이나 아토피 같은 병에 걸린 사람은 1분 냉온욕을 하기 전에 냉탕에서 25분 동안 견디는 '25분 냉욕'을 하는 것이 좋다. 그런 다음 온탕에서 5분 동안 견디는 '5분 온욕'을 한 다음 앞에 소개한 '1분 냉온욕'을 해야 한다.

25분 냉욕은 매우 강력한 치료용 목욕법이다. 25분 동안 차가운 냉탕에 들어가 있으면 몸속에 축적된 당분과 알코올, 요산 등이 밖으로 빠져나온다. 암 환자의 경우 냉탕에 들어가면 강력한 혈액순환으로 암의 독성이 빠져나오기 때문에 통증이 사라진다. 또한, 간암이나 신장 이상으로 복수가 차고 소변을 잘 보지 못하는 환자가 25분 냉욕만 해도 소변이 잘 빠져나간다.

25분 냉욕은 너무 자주 하면 안 된다. 몸이 냉해지기 때문이다. 한 달에 한 번이나 분기별에 한 번씩 하면 좋다.

1분 냉욕은 피로와 신경통, 류머티즘, 편두통에도 좋다. 1분 냉욕을 가끔 하면 피부의 수축 팽창 작용으로 인해 때가 끼지 않기 때문에 때를 밀 필요가 없고 피부가 매끄러워진다. 거기다 긁거나 연고를 발라서 상한 세포조직도 되살아나는 효과가 있다.

이처럼 냉온욕은 몸속에 쌓인 노폐물과 독소를 빼내고 피를 건강하게 만들며, 체액 조절과 감기 예방은 물론 피부까지 튼튼하게 만들어준다. 냉온욕이야말로 최고의 치료제이자 보약 중의 보약이다.

냉온욕에 대한 진실과 오해

Q 냉온욕은 우리 몸에 어떤 작용을 하나요?

A 피부의 수축과 팽창 작용으로 몸속의 노폐물을 밖으로 내보내고, 체액을 중성이나 약알칼리성으로 만듭니다. 냉온욕을 하면 피의 흐름이 활발해져서 병에 대한 면역력이 높아지고 피의 림프액이 빨리 돌도록 촉진해서 글로뮈 기능을 회복시킵니다. 아울러 몸의 저항력이 높아져서 감기에 걸리지 않으며 피부를 매끈하고 튼튼하게 만듭니다.

Q 냉온욕은 어떻게 하나요?

A 목욕탕에 들어가면 먼저 샤워를 간단히 한 후 냉탕에 들어가 25분 동안 몸을 담급니다. 그다음 온탕으로 옮겨서 5분 동안 몸을 담급니다. 그 후부터는 냉탕과 온탕을 8회에서 11회 정도 반복해서 오고 갑니다.

Q 25분 냉욕은 어떤 효과가 있나요?

A 몸속에 과잉 축적된 당분과 알코올, 요산 등이 몸 밖으로 빠져나갑니다. 암 환자의 경우 냉탕에 들어가면 강력한 혈액순환으로 암의 독성이 빠져나가기 때문에 통증이 사라지며, 간암이나 신장 이상으로 복수가 차고 소변을 잘 보지 못하는 환자의 경우 소변이 잘 빠져나갑니다.

핵심 포인트

냉온욕은 위에서 소개한 것처럼 방법이 비교적 간단하고 어렵지 않다. 하지만 차가운 물 안에 들어가기를 싫어하는 사람이 많은 것이 문제이다. 특히 노약자나 중년 이상의 여성, 어린이들은 냉탕에 들어가는 것을 싫어하다 못해 무서워한다. 냉탕에 들어가야 한다는 이유 때문에 지레 겁을 먹고 냉온욕을 싫어하는 환자나 여성이 적지 않으며, 냉탕에 들어가라고 하면 오히려 화를 내기도 한다.
하지만 시도하기가 어렵지 막상 한번 해 보면 대부분 그 놀라운 효과를 몸으로 느끼고 그다음부터는 시키지 않아도 스스로 냉탕에 들어가게 된다.

냉온욕을 하기 전에 냉온욕을 왜 해야 하는지, 왜 중요한지 충분히 이해하고 난 후 자연스럽게 냉탕에 들어가야 한다. 노약자와 중증 환자의 경우 부정맥이나 저혈당 같은 증상이 나타날 수 있으므로 반드시 보호자와 함께하는 것이 좋다. 특히 심장질환을 앓고 있거나 고혈압, 뇌졸중 환자 등은 냉온탕의 급격한 온도 차이로 인해 충격을 받을 수 있으므로 삼가는 것이 좋다. 이런 사람들은 먼저 바가지를 이용해 덜 차갑고 덜 뜨거운 물을 교대로 몸에 끼얹는 방법으로 점차 적응도를 높여나가다가 1분 냉온욕을 하는 것이 바람직하다. 어린아이들도 마찬가지이다.

목욕탕에 가서 때만 밀거나 온탕 속에만 들어가서 가만히 있지 말고, 이처럼 효과가 큰 냉온욕을 하면 목욕하는 시간 내내 즐겁다. 냉온욕이 자신의 건강을 지켜준다는 생각이 절로 들기 때문에 시간 또한 금방 지나간다.

가족과 함께 목욕탕에 가서 냉온욕을 한번 해 보자. 그 효과를 실감하게 될 것이다.

암과 아토피에 좋은 '풍욕'

_ 풍욕으로도 몸에 산소가 공급될까?

"

"정원아, 일어나렴. 풍욕 해야지!"

이른 아침 엄마가 정원이를 깨웁니다. 밖은 아직 어둠이 가시지 않았는데 엄마는 정원이와 함께 풍욕을 하기 위해 일찍 깨우는 것입니다.

정원이는 졸린 눈을 비비며 일어나 앉았습니다. 그러자 엄마는 미리 담요와 오디오를 준비해 놓고 창문을 활짝 열었습니다.

"으아, 추워요!"

"춥긴 해도 공기가 얼마나 맑니? 어서 옷 벗자."

새벽 찬 공기에 몸이 떨리지만, 정원이는 엄마를 따라 잠옷과 속옷을 모두 벗고 담요로 몸을 감쌌습니다. 옷을 벗어도 아직 어두워서 보는 사람이 있을 리 없습니다

풍욕은 이렇게 옷을 전부 벗고 알몸으로 하는 것이 가장 좋습니다.

엄마와 정원이가 벌거벗은 몸으로 담요를 뒤집어쓰자 오디오에서 말이 흘러나오기 시작합니다.

'1분 동안 담요를 벗고 계세요.'

엄마와 정원이는 담요를 벗고 바른 자세로 앉아 새벽 맑은 공기를 가슴 가득 들이마십니다. 피부에 와닿는 차가운 공기의 감촉이 그렇게 신선할 수 없습니다.

"어떠니? 정신이 번쩍 들지?"

"네!"

'이젠 담요를 덮어쓰세요.'

오디오에서 지시하는 대로 엄마와 정원이는 담요를 뒤집어썼다 벗었다 하는 동작을 반복하기 시작했습니다. 이것이 바로 풍욕입니다.

그렇다면 풍욕이란 무엇이며, 왜 하는 걸까요?

풍욕은 바람으로 피부를 자극해 목욕을 한다는 뜻으로 프랑스 의학자인 로브리 박사가 고안해 낸 특수 자연요법이다. 그래서 로브리 요법 또는 대기 요법이라고 부르는데, 각종 공해에 시달리고 있는 현대인은 물론 난치병과 투병하는 환자들의 치유에 놀라운 효과를 발휘한다.

굳이 설명하지 않아도 오늘날 인간은 자동차 배기가스로 인한 대기 오염과 프레온 가스 발생으로 인한 오존층의 파괴, 방부제와 항생제, 호르몬제, 착색제를 사용한 음식물 공해 등에 시달리고 있다. 또한, 카드뮴을 비롯한 각종 중금속과 환경호르몬 등으로 인해 위협을 받고 있다. 이것이 우리 몸 안으로 들어와 암을 비롯한 각종 질병을 일으키며, 특히 아토피를 만드는 알레르겐이 되고 있다.

풍욕은 이런 현대인들에게 피부 기능을 강화하고, 몸속에 산소를 원활하게 공급하는 뛰어난 자연건강법 중의 하나이다.

풍욕은 무엇보다 피부의 호흡 활동이 원활하도록 도와준다. 피부를 통해 공기 중에 있는 산소와 질소를 몸 안으로 많이 받아들이고, 털구멍의 수축과 팽창을 통해 몸속의 독소와 노폐물을 밖으로 내보낸다.

풍욕을 할 때 담요를 벗으면 털구멍이 차가운 공기 때문에 오므라들면서 수축하고, 담요를 덮으면 따뜻한 공기 때문에 털구멍이 열리면서 팽창하는 원리는 냉온욕과 같다. 단지 냉온욕이 차가운 물과 뜨거운 물을 오가는 데 비해, 풍욕은 차가운 바람과 더운 바람을 교차시켜 피부호흡을 돕고 또 피부를 강화하는 이치이다.

이처럼 풍욕은 피부에 매우 강한 자극을 주기 때문에 피부에 뻗쳐 있는 아주 작은 모세혈관까지 피가 잘 돌게 만든다.

이런 과정을 통해 피부가 강하게 단련되고 산소를 충분히 공급해 주기 때문에 아토피로 인한 진물과 각질에 좋고, 차가운 바람이 피부의 열을 식혀 가려움증 해소에도 효과가 크다.

풍욕을 통해 피부로 공급되는 산소는 몸속에 찬 일산화탄소를 빠르게 이산화탄소로 산화시켜 배출시킨다. 몸속에 독소와 일산화탄소가 차 있으면 피부가 건강할 수 없고 색깔마저 달라진다. 그래서 피부 상태만 봐도 병이 있는지 없는지, 원인이 무엇인지 금방 알 수 있다.

풍욕은 체내에서 지질을 당질로 만드는 영양소 교류에도 효과가 있고, 몸을 유산소 체질로 만들어 체액을 맑게 만든다. 유산소 체질이란 몸속에 산소를 지속해서 많이 공급함으로써 심장과 폐가 강해지고 지방이 산화돼 항상 활력이 넘치는 체질을 말한다.

풍욕을 하는 방법은 매우 쉽고 간단하다. 먼저 공기가 잘 통하게 창문을 활짝 열어 놓은 후 옷을 다 벗고 오디오에서 나오는 말대로 담요를 뒤집어썼다 벗기를 반복하면 된다. 이때 건강한 사람은 옷을 다 벗고, 거동이 힘든 환자와 어린 아기는 자리에 누운 채로 보호자가 담요를 덮었다 벗겼다 해 주면 된다.

이런 방법으로 해서 담요를 벗고 있는 시간을 10초씩 늘려가다가 벗고 있는 시간이 120초가 될 때까지 계속하면 한 차례의 풍욕이 끝나게 된다. 풍욕을 한 번 마치는 데 걸리는 시간은 32분으로 암을 비롯한 난치병 환자들은 새벽부터 밤까지 하루 8회에서 11회까지 풍욕을 하면 탁월한 효과가 나타난다.

담요를 벗고 있는 시간과 덮어쓰고 있는 시간은 다음과 같다.

	1회	2회	3회	4회	5회	6회	7회	8회	9회	10회	11회
담요 벗기	20초	30초	40초	50초	60초	70초	80초	90초	100초	110초	120초
담요 쓰기	60초	60초	60초	60초	90초	90초	90초	120초	120초	120초	

풍욕은 암과 아토피는 물론 간장병, 위궤양, 만성변비에 효과가 뛰어나며, 특히 아토피 환자에게는 꼭 필요한 보조 요법이다. 다만 아토피 환자의 경우, 풍욕을 하다 보면 스테로이드제가 빠져나오면서 일시적으로 증상이 악화되는 명현현상이 발생하기도 한다. 이때는 냉온욕을 함께해 주면서 극복하는 것이 좋다.

예전 공기가 맑고 산소가 풍부했던 시절에는 풍욕이 필요 없었다. 나를 키운 것은 8할이 바람이었다는 말이 있듯이, 아이들은 하나같이 헐렁한 옷을 입고 들판에서 뛰놀며 신선한 바람을 맞고 자랐다. 하지만 지금 도시 아이들은 아침부터 저녁까지 어린이집이나 유치원, 학교, 학원에서 보내는 시간이 많다. 집에 돌아와서도 꽉 막힌 갑갑한 실내에서만 생활한다.

아이들을 쑥쑥 자라게 하는 것이 햇볕과 바람임에도 불구하고 어느 틈엔가 이처럼 우리 아이들은 자연과 멀어졌다. 거기다 옷도 두껍게 입어 공기가 피부에 와닿는 것을 막고, 결국 산소 부족으로 몸이 약해져서 잔병치레는 물론 각종 질병에 시달리는 것이다.

환자는 물론 자라나는 아이들에게 풍욕이 왜 필요한지 이제 충분히 알 수 있을 것이다.

풍욕에 대한 진실과 오해

Q 풍욕이 우리 몸에 왜 좋은가요?

A 피부의 호흡 활동을 돕고 산소를 공급해서 몸속에 찬 독소와 일산화탄소를 밖으로 배출하며, 암과 아토피, 간장병, 위궤양에 효과가 뛰어납니다. 풍욕은 피부에 자극을 줘서 피가 모세혈관까지 잘 돌게 하고 피부를 강하게 만들기 때문에 아토피로 인한 진물과 각질에 좋고, 피부의 열을 식혀 가려움증을 해소합니다. 체내에서 지질을 당질로 만드는 영양소 교류에도 효과가 있고, 몸을 유산소 체질로 만들어 체액을 맑게 합니다.

Q 풍욕은 어떻게 하는 건가요?

A 담요와 풍욕 방법이 담긴 오디오를 준비합니다. 인터넷에서 쉽게 다운받을 수 있습니다. 이른 아침이나 잠자기 전에 창문을 활짝 연 후 옷을 모두 벗고 바른 자세로 앉아 오디오를 켭니다. 오디오에서 나오는 설명대로 자연스럽게 담요를 벗었다 덮기를 반복합니다. 환자나 어린 아기는 자리에 누운 채로 보호자가 도와줍니다.

Q 자라나는 아이들에게 왜 풍욕이 필요한가요?

A 요즘 아이들은 예전처럼 밖에서 바람을 맞으며 뛰놀지 않고, 아침부터 저녁까지 어린이집이나 유치원, 학교, 학원, 집 등 사방이 꽉 막힌 곳에서 생활하는 시간이 많습니다. 또한, 옷을 두껍게 입어 공기가 피부에 와닿는 것을 막고, 산소 부족으로 몸이 약해져서 잔병치레는 물론 각종 질병에 쉽게 잘 걸립니다. 풍욕은 호흡과 배설, 체온 조절 등 피부의 기능을 강하게 만들어 잘못된 먹거리와 환경공해 등으로 인해 생긴 독소를 빼내고 몸을 건강하고 튼튼하게 만듭니다.

핵심 포인트

풍욕은 여름과 겨울의 효능이 같으므로 계절에 상관없이 해야 한다. TV 프로그램을 통해 눈 덮인 산에서 옷을 모두 벗은 채 이불을 들고 풍욕을 하는 사람들의 모습을 가끔 볼 수 있다.

무더운 여름 역시 풍욕은 뛰어난 효과를 나타낸다. 평소 건강을 관리하는 차원에서 풍욕을 한다면 아침 해 뜨기 전과 저녁 해 진 후에 하는 것이 좋다. 암이나 아토피 환자를 비롯해 중증환자들은 시간에 상관없이 해도 좋다.

풍욕 시 필요한 이불이나 담요는 몸을 감싸고 있을 때 땀이 나지 않을 정도의 온도를 유지할 수 있는 두께가 좋다.

중증환자나 어린 아기의 경우, 첫날은 정오 무렵의 가장 따뜻한 시간에 시작하고, 다음 날부터는 30분에서 1시간씩 시간을 앞당겨 점차 오전 5시에서 6시 무렵에 할 수 있도록 한다.
식사할 때는 1시간 전에 시작해서 식사 전 30~40분에서 끝내고, 식사를 마친 후에 하려면 30~40분이 지나 시작해야 한다.

목욕을 하기 전에는 언제라도 상관없지만, 목욕을 한 후에는 1시간 이상 지난 후 풍욕을 해야 한다.
풍욕을 시작하면 30일 동안 쉬지 않고 계속한 후 2, 3일을 쉬고 또 30일을 하는 식으로 약 3개월 동안 계속해야 한다. 특히 암과 같은 병의 치료를 목적으로 하루 8회에서 11회를 할 경우, 2시간 간격으로 하기도 한다. 이처럼 하루에 풍욕을 많이 할 때는 미리 시간표를 짜야 계획대로 할 수 있다.
아토피에 걸린 아이들의 경우, 건강한 먹거리로 바꾸면서 3개월 만 풍욕을 하면 증상이 몰라보게 호전되며, 완전히 나은 아이도 있을 정도이다.
나이 어린 자녀들은 엄마와 함께 풍욕을 하면 즐거워하며 잘 따라 한다. 풍욕이야말로 건강을 복원하고 치유하는 뛰어난 자연건강법이라는 것을 잊지 말아야 한다.

'채식'으로 DNA를 바꾸자

_ 왜 꼭 채식을 해야 할까?

"

"어머머, 정원이 얼굴 좀 봐! 어쩌면 이렇게 깨끗해졌니?"

"정말이네. 얼굴에 그 많던 아토피는 다 어디로 갔어?"

엄마 친구들이 집에 놀러 왔다가 정원이를 보고 다들 깜짝 놀랐습니다. 태어나자마자 아토피를 앓기 시작했던 정원이는 엄마가 자연건강법을 알면서부터 먹거리와 환경을 바꿔주고, 또 단식과 관장, 냉온욕, 풍욕 등을 실천하면서 상태가 너무 좋아졌기 때문입니다.

얼굴과 목, 가슴, 배, 허벅지, 팔, 다리에 덕지덕지 났던 보기 흉한 아토피도 깨끗이 없어지고, 밤에 잠을 잘 때 가려워서 긁는 일도 사라진 지 오래입니다.

"정원이 정말 아토피가 다 나았네."

친구들의 말에 엄마도 기분이 좋은 표정입니다.

"응. 이젠 걱정 안 해도 돼. 다 좋아졌거든."

"정말 신기하다. 아토피는 병원에서도 못 고친다고 하는데."

"말도 마. 정원이 때문에 얼마나 고생했는지 아니? 하지만 그 덕분에 내 몸도 아주 건강해졌어."

"우리 애도 아토피가 생겼는데 어떻게 하면 좋은지 가르쳐줘."

"좋아. 아토피를 이기려면 우선 먹거리부터 바꿔야 해."

엄마는 신이 나서 친구들에게 먹거리 교육을 하기 시작합니다.

사실 정원이의 아토피가 나은 것은 순전히 엄마 덕분입니다. 아토피를 낫게 하려고 엄마는 나름대로 공부도 열심히 했고, 직접 실천에 옮기느라 많은 고생을 했습니다.

그런데 정말 중요한 것은 정원이로 인해 엄마 아빠까지도 생활의 많은 부분이 바뀌었다는 점입니다. 대표적으로 고기를 멀리하고 현미밥과 채소 등 채식 위주의 식사로 바뀐 것입니다.

예전에는 엄마 아빠도 삼겹살과 갈비, 닭고기 같은 음식을 아주 좋아했습니다. 하지만 정원이의 아토피를 고치기 위해 공부를 하는 동안 이런 음식이 왜 나쁜지를 누구보다 잘 알게 됐습니다. 이런 음식은 정원이가 먹으면 더 안 되기 때문에 아예 고기를 먹지 않고 채식을 하게 된 것입니다.

정원이네 집 식탁은 보기만 해도 탐스러운 과일과 싱싱하고 푸른 채소가 언제나 가득합니다. 이렇게 채식만 해도 건강해져 몸이 아파 약을 먹거나 병원에 가 본 일이 없습니다.

그렇다면 채식이 왜 우리 몸에 좋고, 또 가능하면 채식을 해야 하는 이유가 무엇일까요?

"

사람은 원래 초식동물이다. 해부학적 구조와 생리학적 특성을 다른 동물들과 비교해 보면 이 사실을 뚜렷이 확인할 수 있다.

먼저 사자와 호랑이, 늑대 등과 같은 육식동물들은 발톱이 길고 날카롭다. 또한, 고기를 빨리 소화하기 위해 장의 길이가 몸길이의 세 배밖에 되지 않는다. 위에서는 사람의 열 배나 되는 강력한 산을 분비해 고기를 금방 소화한다. 육식동물이 고기를 씹지 않고 삼키는 이유가 여기에 있다.

육식동물과 초식동물을 가장 잘 구분해 주는 것이 치아의 구조이다. 육식동물은 먹이를 잘 물고 살을 찢을 수 있도록 강한 턱과 함께 뾰족하고 날카로운 송곳니가 나 있다. 반면 초식동물은 풀이나 곡류를 잘 갈아먹을 수 있는 어금니가 발달해 있다. 육식동물에게는 이 어금니가 없고 사람에게는 어금니가 있다.

초식동물은 발톱이 길거나 날카롭지 않으며 빨리 부패하는 음식을 먹지 않기 때문에 소화기관의 길이가 키의 열두 배나 된다.

육식동물은 몸 안에서 포화지방산과 콜레스테롤을 처리할 수 있는 무한대의 능력의 지니고 있지만, 초식동물이 고기를 먹게 되면 심각한 동맥경화에 걸리는 등 온갖 병으로 이내 죽고 만다.

또한, 육식동물은 낮에 잠을 자고 서늘한 밤에 사냥을 하기 때문에 땀샘이 없고, 피부로 호흡하지 않으며 대신 혀로 호흡을 한다. 반면 초식동물은 낮 동안 물과 과일 등의 먹이를 먹어야 하므로 피부에 땀을 식히기 위한 땀샘이 있고 피부로 호흡을 한다.

이 같은 사례만 보더라도 우리 인간은 초식동물인 것을 누구라도 한눈에 알 수 있다.

사람은 장이 길기 때문에 금방 부패하는 고기가 몸 안으로 들어오면 오랫동안 장에서 머물며 독소를 뿜어낸다. 이 독소는 혈관으로 들어가 피를 오염시켜 질병을 일으킨다.

육류 섭취와 대장암의 발생은 정비례한다. 과거 채식 위주로 살았던 우리나라나 일본에서는 대장암에 걸리는 사람이 거의 없었다. 하지만 생활 수준이 높아지고 육식을 많이 하게 되면서부터 미국이나 유럽처럼 대장암에 걸리는 사람이 급증하고 있다. 유방암 환자도 계속 늘고 있는데, 육식을 좋아하는 여성은 채식하는 여성에 비해 유방암에 걸릴 확률이 3.6배 높다는 연구 결과도 있다.

과거와 비교해 나이 어린 여학생들의 초경이 빨라진 것을 두고 영양상태가 좋아져 발육이 빠른 것이라고 믿는 사람이 많다. 하지만 초경이 빨라진 것은 더 빨리 더 많은 질병에 걸릴 수 있다는 것을 암시한다. 실제로 13세 미만에 초경을 한 여성은 17세 이상인 여성보다 유방암 발생 비율이 4배나 높아진다고 한다. 초경이 빨라진 것은 동물성 지방의 섭취량이 많이 늘어났기 때문이며, 동물성 지방을 많이 먹을수록 생리통이 심하고 기간도 길어진다.

또한, 육류와 우유, 달걀을 많이 먹는 여성은 폐경이 일찍 오고, 채식하는 여성보다 유방암과 자궁암, 난소암의 발생이 3배 이상 높아진다고 한다.

남성에게 많이 발생하는 전립선암의 원인도 육식에 있다. 고기 속에 든 포화지방과 콜레스테롤이 쌓여 혈관을 좁게 만들고, 심장과 뇌, 생식기관으로 흐르는 피의 양을 감소시킨다. 이 같은 현상이 전립선을 비대하게 만들어 결국 전립선암으로 이어지는 것이다.

육식은 당뇨와도 매우 밀접한 관계가 있다. 당뇨 환자의 경우 병이 깊어지면 80%는 눈에 피를 공급하는 혈관의 손상으로 인하여 시력이 저하되는 고통을 받게 된다. 신장에 대한 피의 공급도 부족해 정상인보다 기능이 18배나 떨어지며, 마지막에는 신장투석기를 달지 않으면 안 된다.

또한, 당뇨 환자는 모세혈관의 순환장애로 발에 통풍이 온다. 이때는 조그만 상처가 나도 썩기 때문에 끝내 절단하지 않으면 안 되는 불행한 상황을 맞게 된다.

이처럼 당뇨 환자들이 고통을 당하는 이유는 육식으로 인해 혈중 지방도가 높아져 인슐린이 제 기능을 못 하기 때문이다. 따라서 당뇨 환자들은 반드시 채식을 해서 피를 맑게 만들어야 하는 것이다.

한편 산성 식품인 고기는 위에서 궤양을 만든다. 궤양이란 위액이 산성일 때 위와 십이지장의 점액질막이 헐어서 생기는 병이다. 섬유질 음식인 곡류와 과일, 채소를 많이 먹지 않고 육류 같은 고지방질 음식을 많이 먹을 때 생긴다. 잘 알다시피 육류와 달걀, 생선은 가장 강한 산성 식품이다.

곡류와 과일, 채소와 같은 섬유질 음식은 장 속으로 들어가면 부드럽게 연동 작용을 하며 장을 빠져나와 크고 물렁물렁한 변을 보게 된다. 냄새 또한 심하게 나지 않는다. 하지만 육류는 연동 작용을 하지 못하고 장 속에 오래 머물기 때문에 건조해지며 변으로 좀처럼 쉽게 빠져나가지 못한다.

그래서 육식을 많이 하면 만성 변비에 걸리기 쉽고, 이 변을 배설하기 위해 하복부에 힘을 주게 되면 직장의 정맥이 이상 확장돼 치질을 유발하게 되는 것이다. 특히 고기를 많이 먹는 사람의 변은 75%가 박테리아이며, 고기를 많이 먹은 다음 날 대변에서 유난히 심한 냄새가 나는 것은 그만큼 장 속에서 심하게 부패했다는 것을 의미한다.

이밖에도 육식은 피를 탁하게 만들고 동맥을 경화시키며 뇌에 충분한 산소가 공급되는 것을 막기 때문에 뇌의 기능까지도 떨어뜨린다.

공부 시간에 집중력이 떨어지고 산만한 아이들이나 입시생들에게 육식을 제한하고 채식 위주의 식단을 차려주면 머리가 맑아져 집중력이 높아지고 실력 또한 향상된다. 실제로 어린이집이나 유치원에서 정신이 산만하고 잘 떠드는 아이들에게 일주일 정도만 고기 반찬을 전혀 주지 않고 채식만 하게 하면 차분하고 조용해진다. 고기를 먹으면 소란스럽지만 채식만 하면 언제 그랬냐는 듯이 조용하고 얌전해지는 것이다.

흔히 고기를 먹지 않고 채식만 하면 힘이 없을 줄 알지만 절대 그렇지 않다. 소나 말, 코끼리, 기린, 하마 같은 동물은 풀만 먹어도 덩치가 크고 힘 또한 무척 세다. 채식하는 사람들은 육식하는 사람들에 비해 지구력은 2배, 체력은 2.3배, 피로 회복 속도는 5배나 빠르다는 실험 결과도 있다.

생활습관병 환자가 급증하고, 특히 웰빙 바람까지 불면서 최근 들어 우리나라에서도 채식을 하는 사람이 크게 늘고 있다. 인터넷에서도 채식 동호회 활동이 활발하고 채식 전문 식당도 계속 늘고 있다. 이 추세에 맞춰 콩고기와 밀고기 외에도 콩소시지, 콩만두처럼 곡물과 채소 재료로 만든 다양한 요리가 많이 개발돼 큰 사랑을 받고 있다.

육식을 하면 몸에 온갖 병에 걸리는 것을 떠나 사람이 육식을 피해야 하는 또 다른 중요한 이유가 있다. 그것은 사람에게 영혼이 있듯이 동물에게도 영혼이 있다는 점이다. 사람보다 지능이 덜 발달하고 자아가 미숙할 뿐 영혼을 지니고 있다는 점에서 사람과 같다.

사람과 동물의 신체 구조는 각각 생김새와 몸집의 크기, 팔다리의 개수, 직립으로 걸어 다니는 것과 기어 다니는 것의 차이만 있을 뿐 몸 안의 각종 장기가 맡은 역할은 거의 비슷하다. 사람과 똑같이 뇌가 있고 심장과 폐, 간, 창자가 있으며, 똑같이 몸 안에 붉은 피가 흐르고, 또 물과 산소를 마시며 살아간다.

정도의 차이가 있지만, 동물도 사람처럼 생각할 줄도 알고 희로애락을 느끼는 것도 똑같다. 이런 동물, 특히 가축을 사람들에게 직접 잡아서 먹으라고 한다면 고통 속에 피를 흘리며 죽어가는 모습을 보고 다들 끔찍해서 기겁할 것이다. 비록 남이 잡았다고 할지라도 우리가 이런 동물의 사체를 먹는다는 것은 정말 무서운 일이 아닌가.

채식을 한다는 것은 자연과 우주, 동물에 대한 사랑의 실천이며, 서로 하나가 된다는 것을 의미한다. 육식동물은 욕심이 많고 공격적이지만 초식동물은 무척이나 온순하고 서로 도우며 평화롭게 살아간다. 육식을 하는 사람들과 채식을 하는 사람들은 이 점에서도 확연히 구별된다.

과거 의사들은 중병에 걸린 환자들에게 충분한 영양분 섭취를 위해 동물성 단백질과 지방이 많은 고기류를 많이 먹으라고 권했다. 하지만 지금은 생각이 많이 달라져 육류를 줄이고 식물성 단백질과 지방을 섭취하라고 권하는 의사가 늘고 있다.

실제로 병원에서 피 검사를 해 보면 중병에 걸린 사람들이나 평소 고기를 많이 먹는 사람은 매우 탁하다. 하지만 채식하는 사람들의 피는 하나같이 정말 깨끗하다. 깨끗한 피를 지닌 사람의 몸은 병에 걸릴 일이 적기 때문에 이제는 의사들도 채식을 권하고 있는 것이다.

같은 채식이라도 곡채류에 열을 가해서 삶거나 끓여 먹는 음식인 화식火食보다는 날것 그대로를 먹는 생식生食이 몸에 더 좋다. 살아 있는 생수를 끓이면 죽은 물이 된다. 이와 마찬가지로 곡식이나 채소를 생식하면 몸에 활력을 주는 유기수산을 만들지만, 삶거나 끓여서 먹으면 무기수산으로 변해 몸에 병을 만드는 원인이 된다.

사람이 섭취하는 단백질과 탄수화물, 지방 등의 영양분은 몸 안에서 수많은 생화학적 변화 과정을 거쳐 세포로 흡수되고, 이로 인해 우리는 생명을 유지하게 된다.

몸에 들어온 영양분은 모두 8가지의 산酸으로 변한다. 탄수화물의 경우 먼저 포도당으로 변했다가 초산과 의산으로 변하고, 나중에는 수산이 남게 된다. 단백질 또한 마지막에 수산이 남는 것은 똑같다. 이때 몸 안에 산소가 충분하면 수산은 산소와 산화 작용을 일으켜 물과 이산화탄소로 분해되지만, 산소가 부족하면 일산화탄소가 남아 암과 난치병의 원인이 된다.

수산은 유기수산과 무기수산으로 나뉜다. 유기수산은 살아 있는 수산으로 인체에 유익하고 활력을 주며 생채소와 과일에 많다. 이에 비해 무기수산은 죽은 수산으로 몸속에 결석과 독소인 수산석회를 만든다. 수산석회가 피를 타고 떠다니다가 붙는 부위에 따라 동맥경화와 협심증, 심근경색, 관절염과 근육통, 류머티즘 등이 생기는 것이다. 무기수산은 삶은 채소와 굽고 태운 음식, 빵, 코코아, 초콜릿 등에 많이 들어 있다.

한 예로 몸에 좋은 시금치도 날로 먹으면 유기수산이 풍부해 몸에 활력을 주고 각종 장기에 좋지만, 뜨거운 물에 데친 시금치는 무기수산으로 변해 칼슘과 결합해서 결석증을 부르게 된다. 음식물에 열을 가하면 유기수산은 우리 몸에 해로운 무기수산으로 바뀌는 것이다. 이 때문에 평소 동물성 단백질과 지방, 설탕, 삶은 채소, 끓인 물 등을 많이 먹는 사람들의 몸은 피가 탁해지고 산소가 부족한 나머지 무기수산이 생길 수 밖에 없다.

이외에도 무기수산이 만든 독소가 관절이나 근육에 고여 붓거나 심한 통증이 생기는 난치성 질병을 만든다. 따라서 난치성 질병에 걸린 사람은 당장 생채식 위주의 식사를 하면서 생수를 많이 마셔야 한다. 실제로 하루에 생채소를 225g만 먹으면 무기수산이 몸속의 유기수산으로 바뀌고, 유기수산이 비타민C로 변해 병이 호전된다고 한다.

이제 왜 우리가 화식보다는 생식을 해야 하는지 그 이유를 충분히 이해할 수 있을 것이다.

채식에 대한 진실과 오해

Q 사람은 왜 육식을 피해야 하나요?

A 사람은 원래 치아와 턱, 장의 길이 등 신체 구조가 채식을 하게 돼 있는 초식동물이기 때문입니다. 고지방, 고단백질의 과다 섭취로 영양 균형이 깨지고 피가 탁해져서 아토피나 암 등 각종 난치병의 원인이 되기도 합니다. 또한, 사람보다 지능이 낮고 자아가 미숙할 뿐 동물도 사람과 똑같은 영혼이 있기 때문이기도 합니다.

Q 채식이 우리 몸에 왜 좋은가요?

A 채식을 하게 되면 성격이 차분하고 온순해지며, 피가 깨끗해져서 병에 잘 걸리지 않습니다. 무엇보다도 채식은 자연을 사랑하고 자연과 하나가 되는 길이기도 합니다.

Q 채식은 어떻게 하는 것이 좋은가요?

A 가능하면 생명력이 있는 그대로 생식을 하고, 끓이거나 삶는 화식을 피합니다. 채소는 잎과 줄기, 뿌리, 씨앗을 함께 먹는 전체식을 합니다. 과일은 껍질을 벗겨서 버리지 말고 씨와 함께 먹습니다.

핵심 포인트

오늘도 우주에서는 눈에 보이지 않는 미세한 먼지들이 지구를 향해 무수히 떨어지고 있다. 지구의 식물들은 땅에 뿌리를 내린 채 우주에서 쏟아지는 먼지와 햇볕 그리고 물을 먹고 자란다. 채식을 한다는 것은 우주의 기운을 몸속으로 받아들이는 것과 같다.

싱싱한 채소로부터 짜낸 한 잔의 녹즙은 비싼 돈을 주고 달여 먹는 그 어떤 보약과도 바꿀 수 없다. 몸에 좋다고 먹는 보약은 약재 속에 든 중금속 성분을 떠나 오랫동안 가열해서 달이기 때문에 우리 몸 안으로 들어오면 무기수산을 만들어 오히려 몸에 해롭다.

한의사들도 기존의 방식을 바꿔 이제는 달여 먹지 않는 한약으로 바꿔야 한다. 시대가 변했고 먹거리가 변해 체질이 바뀐 현실에서 기존의 달여 먹는 한약은 병을 더 깊게 만들 수 있기 때문이다.

곡류의 생식도 가능하면 집에서 직접 만들어 먹는 것이 좋다. 기계화 공정을 거쳐 대량으로 생산하는 생식 가루는 가공 과정에서 이미 열이 가해져 생식 본연의 효과가 많이 떨어지기 때문이다. 어떤 먹거리든 공장에서 대량으로 만들어 내는 음식은 모두 문제점을 내포하고 있다.

유기농 과일과 채소에 대한 인기가 높은데 사실 엄밀한 의미에서 유기농이나 무공해 식품은 없다고 볼 수 있다. 과일과 채소에 살충제나 살균제를 사용하지 않는다고 해도 이미 토양은 어느 곳이나 오염될 대로 오염돼 있기 때문이다.

거기다 작물을 심기 전에 땅에는 제초제와 살충제를 뿌리고, 하늘에서는 중금속이 든 산성비가 내리기 때문에 안전한 과일과 채소가 없다고 해도 과언이 아니다. 작물을 심기 전 잡초를 제거하기 위해서 뿌린 제초제와 땅속의 해충을 없애기 위해서 뿌린 살충제는 땅속에 그대로 남아 있다가 작물의 뿌리를 통해 줄기를 타고 잎과 열매 속으로 들어간다.

따라서 흐르는 물에 과일과 채소를 깨끗이 씻고, 또 껍질을 벗겨 먹는다고 해서 그 속에 침투한 농약 성분까지 없어지지는 않는다.

결국, 완전한 유기농이나 무공해 식품은 없다. 최선의 방법은 과일과 채소를 껍질 채로 먹는 것이다. 껍질은 영양분이 많기도 하지만 무엇보다 배설 능력이 뛰어나다. 현미가 그렇듯이 채소와 과일을 껍질 채로 먹으면 몸속의 노폐물과 함께 농약의 중금속 성분까지 끌고 나온다.

과일과 채소는 잘 알다시피 제철에 나는 것이 좋다. 여름철에 나는 과일과 채소는 몸의 열을 식혀주고, 겨울철에 나는 과일과 채소는 몸을 따뜻하게 만들어준다. 그래서 제철 과일과 채소가 가장 좋은 것이다.

소와 염소가 먹는 풀 종류라면 사람이 먹어도 해로울 게 전혀 없다. 실제로 봄부터 겨울까지 쑥이나 참나물, 취나물, 칡잎, 시금치, 버섯 등 시장에서 파는 채소는 물론 산에서 나는 연한 풀 종류를 데치지 않고 날것으로 된장에 무치거나 간장에 찍어 먹어도 괜찮다. 이렇게 날로 먹으면 데쳐 먹을 때 몰랐던 맛과 향기가 그렇게 좋을 수 없고, 자연과 하나 된 기분에 젖어 행복해질 것이다.

채식은 이제 어쩔 수 없는 시대의 대세이자 선택이다.

제 5 장

자연건강법
치유 사례

지금까지 우리는 아토피를 중심으로 암과 천식, 비만, 고혈압, 당뇨, 백혈병 등 급증하고 있는 생활습관병의 원인에 대해 알아보았다. 이와 함께 잘못된 먹거리와 올바른 먹거리, 환경 그리고 생활습관병을 낫게 하는 단식과 냉온욕, 풍욕, 채식의 중요성도 알게 되었다.

사실 아토피와 암을 비롯한 모든 생활습관병은 지금까지 소개한 대로 독소가 가득 찬 몸을 맑게 청소하고 잘못된 먹거리와 환경을 바꾸면 호전될 수 있다. 이것이 자연건강법의 기본 원리이다.

실제로 생활습관병에 걸린 많은 사람이 자연건강법을 실천함으로써 체질과 먹거리를 개선해 질병으로부터 자유로워지는 모습을 수없이 목격했고 그 효과를 인정하고 있다. 따라서 생활습관병 치료에 한계가 있는 현대의학을 맹신하기보다는 자연건강법을 받아들여 생활화하는 사람들은 1년 내내 병원이나 약국에 가는 일이 거의 없다. 자연치유력이 회복되고 강화돼 인체 스스로 병을 물리치기 때문이다.

문제는 자연건강법에 대한 믿음과 확신이다. 이 책에서 소개한 자연건강법을 직접 실천하면서 건강한 삶을 이어나가길 기대하며, 자연건강법으로 건강을 되찾은 사례를 소개한다.

단식과 아토피

일주일 정도 단식만 해도 아토피 증상에 큰 효과가 나타난다. 아토피에 걸린 9세 여자아이는 이마와 뺨, 귀 뒤쪽, 목, 팔, 다리 등에 아토피가 얼마나 심한지 한여름에도 레이스가 달린 모자를 쓰고 긴팔을 입어야 할 정도였다. 아토피는 자외선에도 자극을 받기 때문에 햇볕에 노출되는 것은 좋지 않다.

이 아이는 7일 동안 단식을 하면서 관장과 냉온욕, 풍욕 등 자연건강법을 실천했다. 명현현상(병이 고쳐지기 위해 일시적으로 더 증상이 악화되는 현상)이 나타나 가려움이 심할 때는 수시로 목초액을 뿌려서 진정을 시키고, 냉온욕을 할 때는 목초액을 입욕제로 사용했다.

7일 동안의 단식을 끝내자 얼굴의 겉껍질이 한 꺼풀 벗겨지는 것 같았고, 불긋불긋한 아토피 증상이 차분하게 진정됐다.

아이의 엄마는 교외의 공기 좋은 곳에 황토집을 지어 이사하고 먹거리를 완전 자연식으로 바꾼 결과, 1년이 지나면서 아이는 아토피로부터 완전히 해방돼 건강하게 지내고 있다.

아토피에 걸려 고생하던 고2 여학생도 위와 같은 방법으로 겨울방학 동안 7일에 걸쳐 단식을 진행했다. 이 여학생은 얼굴과 팔, 다리 등 온몸에 아토피가 있었지만, 위의 9살 먹은 아이처럼 그렇게까지 심각한 편은 아니었다.

하지만 수시로 몸의 여기저기에서 나타나는 가려움 때문에 신경이 무척 예민해져 있었다. 이 여학생은 바이올리니스트가 되려고 매일 연주 연습하고 있었는데 항상 바이올린을 받치고 있는 턱밑은 공기 소통이 잘 안 돼 가려움이 더 심했다. 거기다가 연습하는 동안 접힌 팔 안쪽의 피부는 굳어져 팔을 펼 때마다 따갑고 쓰라렸으며, 손가락의 가려움으로 인해 연주를 제대로 하기 힘들었다.

이 여학생은 일주일 동안 단식을 하면서 된장 찜질과 관장 그리고 냉온욕, 풍욕 등을 열심히 했고, 단식이 끝난 후에는 학교에 갈 때도 생채식 식단의 도시락을 가지고 갔다.

1년 정도 지나자 이 여학생에게 아토피는 기억하고 싶지 않은 지긋지긋한 추억으로만 남았다.

천식과 아토피

용산에 사시는 70세 할아버지에게서 전화가 왔다. 겨울철만 되면 천식이 도지는데 죽염을 먹으면 괜찮아지겠냐는 내용의 전화였다.

이런 경우 전화상 몇 마디로 모든 것을 설명하기 힘들다. 특히 나이 드신 분들에게는 더욱 그렇다. 할아버지는 사무실로 직접 찾아오셨고, 계속 쿨럭쿨럭 잔기침이 멈추지 않았다.

먼저 겨자팩을 만들어 할아버지 목 주위에 찜질을 했다. 찜질을 시작한 지 2분 만에 기침이 잦아들기 시작하더니 5분 정도 지나자 완전히 멈췄다. 자연건강법을 설명하는 20여 분 동안 한 번도 기침을 하지 않았다.

사무실에 함께 있던 사람들도 하나같이 놀라 감탄사를 연발했다. 수십 년이 된 천식 때문에 겨울철이면 멈추지 않던 기침이 단 5분 정도의 겨자 찜질로 이렇게 멈춰버리니 누가 보더라도 놀라지 않을 수 없는 일이었다.

할아버지는 다리에 아토피까지 있었다. 관장을 하고 죽염을 열심히 드시라고 권했다. 할아버지는 행복한 얼굴로 돌아갔고, 그 후로 자연건강법의 효과를 실감한다면서 자주 전화를 걸어오고 있다.

어린아이들이 감기에 걸려 심한 기침을 할 때 감기약을 먹이지 말고 목에 겨자 찜질을 해 보자. 밤새 기침을 하던 아이도 겨자 찜질을 5분 정도 해 주면 신기하게도 기침이 멈추는 것을 확인할 수 있다.

겨자 찜질을 위해서는 먼저 마트에서 파는 겨자분을 사서 밀가루와 7대 3의 비율(어린아이는 5대 5)로 섞은 후 미지근한 물로 호떡 만드는 것처럼 되게 반죽한다. 이것을 면으로 된 천에 넓게 펴서 팩을 만들어 한쪽 면을 얇은 비닐로 덮고 천으로 된 부분을 목이나 가슴, 어깨, 무릎, 발목 등에 덮어 찜질한다.

겨자의 침투력은 매우 강력하므로 어느 한곳에 오래 덮고 있으면 자신도 느끼지 못하는 사이에 저온화상을 입게 된다. 따라서 목처럼 부드러운 피부에는 3분에서 5분 정도 찜질하는 것이 적당하다.

어깨나 가슴, 배, 무릎, 발목 등은 겨자팩을 덮은 후 10분 정도 지나면 팩을 살짝 들어봐서 발갛게 발적이 일어나 있으면 그때 다른 부위로 옮겨 찜질을 한다.

관절염과 관장

어느 날 여직원이 다니는 성당의 신부님이 강론하면서 심한 기침을 계속한다고 하기에 그녀를 보내 겨자 찜질을 해 드리게 했다. 신부님은 80대 중반의 노모를 모시며 생활하고 있었다. 노모는 관절염이 심해 계단을 올라갈 수 없어서 2층에 있는 성전에서 한 번도 미사를 드려본 적이 없다고 하였다.

여직원은 신부님에게 겨자 찜질을 한 후 노모에게 관장을 시켜 드렸다. 관장을 하고 나서 화장실로 가 배변을 했는데, 어찌나 냄새가 지독하던지 방 안까지 진동해 코를 막고 있을 정도였다. 장 속에 정체돼 있던 80년 이상 된 시커먼 숙변이 쏟아져 나왔으니 그 냄새가 오죽할까. 창문을 활짝 열어 놓아도 한동안 냄새가 가시지 않았다.

사흘 후 2층 성전에서 열린 기도회에 신부님의 노모가 처음으로 모습을 드러냈다.

관장은 이처럼 사람에 따라 놀라운 위력을 나타내기도 한다. 그렇다면 신부님의 어머니는 단 한 번의 관장으로 어떻게 관절이 좋아졌을까?

장 속에 숙변이 가득 차면 자연히 척추를 압박하게 된다. 숙변이 척추를 뒤로 압박하게 되면 당연히 무릎 관절에 영향을 미친다. 따라서 관장으로 숙변을 제거하면 척추가 펴지고, 척추가 펴지면 관절도 좋아지는 것이다.

관장으로 몸 안에 가득 찬 독소까지 빼냈으니 몸이 좋아질 수밖에 없는 것은 너무나 당연하다. 몸에 독소가 가득 찬 사람은 한 번만 관장을 해도 얼굴에 화색이 돌고 걸음걸이가 달라진다.

관절염과 아토피 그리고 생강욕

시골에서 살고 계신 70대 중반의 몸이 비대한 편인 필자의 어머니가 지팡이에 몸을 의지한 채 서울로 올라오셨다. 성격이 완고한 어머니는 아무리 자연건강법의 중요성을 말씀드려도 귀담아들으려고 하지 않는 분이다.

거실에서도 벽이나 가구를 잡으며 돌아다니는 어머니에게 통사정한 끝에 간신히 허락을 받아 관장을 시켜드렸고, 한참이 지난 후에는 당신 스스로 한 번 더 시켜달라고 하셨다. 그래서 또 관장을 해 드리고, 이번에는 생강욕까지 하시게 했다. 이렇게 하루에 두 번 관장하고 한 번 생강욕 하기를 사흘 동안 계속했더니 놀라운 변화가 일어났다.

어머니는 더 이상 지팡이를 짚거나 가구를 잡고 거실을 돌아다니시지 않았다. 그런데 어머니의 하얀 속살 피부가 거무스름한 색으로 변했고, 특히 허벅지에 아기 손가락만 한 구멍이 두 개나 뚫려 있는 것이었다.

그것은 몸속에 가득 찬 독소가 한꺼번에 빠져나오다 보니 피부 중에서 가장 약한 허벅지를 뚫고 나오면서 생긴 구멍이었다. 이 현상을 믿을 수 있을까.

필자는 지금도 고향에 내려갈 때마다 어머니께 관장과 생강욕을 시켜드리고 있다. 이제 어머니는 관장과 생강욕을 하자고 하면 주저 없이 따라 하시고, 자연건강법에 귀를 잘 기울인다. 지팡이를 짚지 않는 것은 물론이다.

관절염으로 고생하는 부모님이 있다면 관절약이나 보약보다는 꼭 관장과 생강욕을 시켜드리길 권한다. 그 효과를 분명 실감하게 될 것이다.

이처럼 관장과 생강욕은 관절염을 앓고 있는 사람에게 최고의 자연건강법이다. 여기에 단식까지 하면 더할 나위가 없다.

아토피를 심하게 앓고 있는 중견기업에 다니는 20대 중반의 남성이 사흘 동안의 휴가를 얻어 주말과 일요일을 포함하여 닷새 동안 단식에 돌입했다.

아토피 환자가 관장과 단식을 하기 시작하면 일반적으로 3, 4일째부터 심한 명현현상이 나타난다. 이 남성도 사흘째가 되자 명현현상이 나타나 어찌나 가려운지 밤새 잠을 이루지 못했다. 얼굴을 비롯해 팔과 허리, 다리 등 아토피 환부에서 하얗게 마른 피부 껍질이 비듬처럼 계속해서 벗겨져 나왔다.

이때 남성에게 생강욕을 하도록 했더니 놀라운 변화가 일어났다. 그

날 밤 붉은 반점의 색깔이 거무스름하게 변하면서 마른 피부 껍질이 없어지고 가려움증이 사라져 잠을 잘 자게 된 것이다.

생강의 독소 배출력은 우리의 상상력을 뛰어넘을 정도로 매우 강력하다. 극히 평범하기 짝이 없는 먹거리 양념 하나가 이렇듯 우리 몸에 생긴 병의 치료약이 되는 것이다.

생강욕을 하기 위해서는 먼저 생강 3kg을 사서 깨끗이 씻은 후 껍질 채 잘라 믹서로 간다. 그런 다음 펄펄 끓여서 천으로 된 주머니에 넣고 입구를 막는다.

천으로 된 주머니와 주머니에서 빠져나온 생강액을 욕조에 넣고, 43도의 뜨거운 물을 욕조에 가득 채우고 들어가 몸을 담근다.

생강욕을 할 때 주의할 점은 생강의 약성과 독소 배출력이 워낙 강해 순간적으로 가슴이 두근거리면서 맥박이 불규칙해지는 부정맥 현상이나 힘이 쭉 빠지면서 의식을 잃는 저혈당 증세가 올 수 있다는 것이다. 이때는 미리 꿀물을 한 컵 준비해서 부정맥과 저혈당 증상이 올 때 마시면 금방 괜찮아진다.

생강욕을 하는 시간은 20분으로 초보자의 경우 15분 동안만 들어가 있다가 나와서 찬물을 끼얹은 후 다시 들어가 5분을 마저 채우도록 한다.

에필로그

생명은 누구에게나 소중합니다. 그러나 공격적인 방법으로 몸에 나타난 증상만을 치료하는 현대의학에게 우리의 건강과 생명을 무턱대고 맡길 수는 없습니다. 좋은 방법이 있다면 널리 알려서 건강과 생명을 구하는 것이 인간성을 존중하는 길이며, 사람으로서 마땅히 해야 할 당연한 도리라는 생각으로 이 책을 집필하게 된 것입니다.

이제는 우리나라도 국민의 건강 증진이라는 대명제 아래 제도권과 비제도권을 따지지 말고 인정할 것은 인정하고 받아들일 것은 과감히 받아들여야 합니다. 이를 위해서는 보건당국과 의학계, 식품영양학계, 언론이 달라지기를 간절히 바랍니다. 기득권에 집착하지 말고 실사구시實事求是의 자세로 진지하게 고민해야 합니다. 이것이 바로 우리 자신과 사랑하는 가족 그리고 국민 모두를 위하는 길입니다.